特种作业人员安全技术培训考核统编教材

起重机司机

（第二版）

国家《特种作业人员安全技术培训
大纲及考核标准》起草小组专家修订

中国劳动社会保障出版社

图书在版编目(CIP)数据

起重机司机/马恩远主编. —2版. —北京:中国劳动社会保障出版社,2004

特种作业人员安全技术培训考核统编教材
ISBN 978-7-5045-4455-1

Ⅰ.起… Ⅱ.马… Ⅲ.起重机械-操作-安全技术-技术培训-教材 Ⅳ.TH210.7

中国版本图书馆CIP数据核字(2004)第036579号

中国劳动社会保障出版社出版发行
(北京市惠新东街1号 邮政编码:100029)
出版人:张梦欣
*
北京市艺辉印刷有限公司印刷装订 新华书店经销
850毫米×1168毫米 32开本 9.125印张 237千字
2004年8月第2版 2025年9月第33次印刷
定价:19.00元

营销中心电话:400-606-6496
出版社网址:http://www.class.com.cn

版权专有 侵权必究
如有印装差错,请与本社联系调换:(010) 81211666
我社将与版权执法机关配合,大力打击盗印、销售和使用盗版图书活动,敬请广大读者协助举报,经查实将给予举报者奖励。
举报电话:(010) 64954652

编委会

主　任　闪淳昌

委　员　施卫祖　吕海燕　杨国顺　牛开健
　　　　徐洪军　崔国璋　时　文　邢　磊
　　　　王铭珍　王海军　马恩远　杨有启
　　　　王琛亮　洪　亮　曹希桐　杨泗霖
　　　　冯维君　甘晓东

本书编写人员
　　　　马恩远

内容提要

本书根据国家安全生产监督管理局于 2002 年 10 月颁布的《特种作业人员安全技术培训大纲及考核标准》编写,是特种作业人员安全技术培训考核用书。

本书系统介绍了起重机司机应学习掌握的安全技术理论知识。全书共分两部分。第一部分是起重机司机安全技术培训内容,包括概论、起重机通用部件的安全技术、钢丝绳、起重机的安全防护装置、葫芦式起重机安全技术、桥式起重机安全技术、港口起重机安全技术、流动式起重机安全技术、塔式起重机安全技术、易损件的报废、电气安全与登高作业及防火知识、起重事故案例。第二部分是起重机司机安全技术考核复习题及试卷实例。

本书可作为起重机司机安全技术培训考核教材,还可作为企事业单位安全管理干部及相关技术人员的参考用书。

本书作者马恩远为《起重机司机安全技术培训大纲及考核标准》主要起草专家。

前言

我国《劳动法》规定:"从事特种作业的劳动者必须经过专门培训并取得特种作业资格。"我国《安全生产法》还规定:"生产经营单位的特种作业人员必须按照国家有关规定经专门的安全作业培训,取得特种作业操作资格证书,方可上岗操作。"

为了进一步落实《劳动法》《安全生产法》的上述规定,配合国家安全生产监督管理局依法做好特种作业人员的培训考核工作,中国劳动社会保障出版社根据国家安全生产监督管理局颁布的《安全培训管理办法》《关于特种作业人员安全技术培训考核工作的意见》《特种作业人员培训考核管理办法》,组织《特种作业人员安全技术培训大纲及考核标准:通用部分》起草小组的有关专家,对由原劳动部组织的我国第一套《特种作业人员培训考核统编教材》及《特种作业人员复审教材》,进行全面的修订。

修订后的《特种作业人员安全技术培训考核统编教材》(第二版)共计以下 9 种:(1)电工;(2)焊工;(3)起重机司机;(4)起重指挥司索工;(5)电梯维修与操作;(6)企业内机动车辆驾驶员;(7)登高架设工;(8)制冷空调设备维修与操作;(9)压力容器操作工。修订后的《特种作业人员安全技术复审教材》(第二版)共计以下 9 种:(1)电工作业;(2)金属焊割作业;(3)起重作业;(4)起重指挥司索作业;(5)电梯作业;(6)企业内机动车辆驾驶;(7)登高架设作业;(8)制冷与空调作业;(9)压力容器操作。第二版统编教材具有以下几方面特点:

一、突出科学性、规范性。本版统编教材是根据国家安全生产监督管理局统一制定的特种作业人员培训大纲和考核标准，由该培训大纲和考核标准起草小组的有关专家对全国第一套《特种作业人员培训考核统编教材》及《特种作业人员复审教材》进行全面修订的最新成果。因此，本版统编教材具有突出的科学性、规范性。

二、突出适用性、针对性。专家在修订编写过程中，根据国家安全生产监督管理局关于教材建设要在安全生产培训工作指导委员会的统一指导和协调下，本着"少而精""实用、管用"的原则，对第一版统编教材进行全面修订。因此，本版统编教材具有突出的适用性、针对性。

三、突出实用性、可操作性。根据国家安全生产监督管理局关于"努力做好培训机构、培训大纲、考核标准、考试题库建设，构建安全培训的标准化体系"的要求，以及"统一规划，归口管理，分级实施，教考分离"的原则，有关专家在修订中，为以上9种培训教材和9种复审教材分别配套编写了复习题库和答案，并提供了相应的考核试卷样式。因此，本版统编教材又具有突出的实用性、可操作性。

总之，本版统编教材反映了国家安全生产监督管理局关于全国特种作业人员培训考核的最新要求，是全国各有关行业、各类企业准备从事特种作业的劳动者，为提高有关特种作业的知识与技能，提高自身安全素质，取得特种作业人员IC卡操作证的最佳培训考核与复审教材。

目录

第一部分 起重机司机安全技术培训内容

第一章 概论 ……………………………………（1）

第一节 起重运输机械的分类 ……………………（1）
第二节 起重机的基本参数 ………………………（1）
第三节 起重机的工作级别 ………………………（5）

第二章 起重机通用部件的安全技术 ……………（8）

第一节 取物装置 …………………………………（8）
第二节 车轮和轨道 ………………………………（14）
第三节 滑轮和卷筒 ………………………………（16）
第四节 减速器和联轴器 …………………………（19）
第五节 制动装置 …………………………………（21）

第三章 钢丝绳 …………………………………（33）

第一节 钢丝绳的结构与性能 ……………………（33）
第二节 钢丝绳的安全使用与维护 ………………（43）
第三节 钢丝绳的报废标准 ………………………（46）

第四章 起重机的安全防护装置 …………………（54）

第一节 限位器 ……………………………………（54）
第二节 缓冲器 ……………………………………（56）
第三节 防碰撞装置 ………………………………（57）

· I ·

第四节	防偏斜和偏斜指示装置	（58）
第五节	夹轨器和锚定装置	（58）
第六节	超载限制器	（60）
第七节	力矩限制器	（63）
第八节	其他安全防护装置	（65）

第五章 葫芦式起重机安全技术 （69）

第一节	葫芦式起重机的结构和性能	（69）
第二节	葫芦式起重机安全防护装置	（75）
第三节	葫芦式起重机电气安全	（82）
第四节	葫芦式起重机安全操作规程	（86）
第五节	葫芦式起重机的常见故障	（89）

第六章 桥式起重机安全技术 （93）

第一节	桥式起重机的分类及构造	（93）
第二节	桥式起重机的金属结构	（95）
第三节	起升机构	（101）
第四节	大车运行机构	（106）
第五节	小车运行机构	（109）
第六节	电气设备与电气线路	（111）
第七节	桥式起重机的常见故障及其排除方法	（119）
第八节	起重机的维护	（130）
第九节	桥式起重机安全操作规程	（133）
第十节	桥式起重机的操作	（136）

第七章 港口起重机安全技术 （140）

第一节	门座起重机	（140）
第二节	集装箱起重机	（146）
第三节	港口起重机的安全操作规程	（147）

第八章　流动式起重机安全技术 (152)

第一节　流动式起重机的分类和构造 (152)
第二节　流动式起重机的发动机 (156)
第三节　流动式起重机的工作机构 (162)
第四节　流动式起重机的液压系统 (171)
第五节　流动式起重机的安全装置 (181)
第六节　流动式起重机的常见故障和排除 (181)
第七节　流动式起重机的维护保养知识 (184)
第八节　流动式起重机的安全操作 (186)

第九章　塔式起重机安全技术 (194)

第一节　塔式起重机的分类 (194)
第二节　压杆式起重臂塔式起重机 (195)
第三节　自升塔式起重机 (203)
第四节　安全装置 (208)
第五节　塔式起重机的稳定性 (211)
第六节　安全操作规程 (212)

第十章　易损件的报废 (215)

第一节　零件损坏的原因 (215)
第二节　常用电气元件的报废 (216)
第三节　安全防护装置的报废 (218)
第四节　其他易损件的报废 (220)

第十一章　电气安全与登高作业及防火知识 (222)

第一节　起重机的电气安全技术 (222)
第二节　触电急救和人工呼吸 (225)
第三节　起重机司机登高作业安全 (230)

第四节　起重机电气防火安全………………………………（231）

第二部分　起重机司机安全技术考核复习题及试卷实例

Ⅰ.安全技术考核复习题 …………………………………（233）
Ⅱ.安全技术考核复习题答案 ……………………………（246）
Ⅲ.起重机司机安全技术考核试卷实例 …………………（252）
附录一　起重吊运指挥信号（GB 5082—85）……………（255）
附录二　起重机司机安全技术培训大纲…………………（275）
附录三　起重机司机安全技术考核标准…………………（279）

第一部分 起重机司机安全技术培训内容

第一章 概 论

第一节 起重运输机械的分类

起重运输机械是机械、冶金、化工、矿山、林业等企业，以及在人类生活、生产活动中，以间歇、重复的工作方式，通过吊钩或其他吊具起升、搬运物料的一种危险因素较大的特种机械设备。起重运输机械形式多样，种类繁多，按标准JB/Z 127—78《类组划分与主参数系列》共分13类，42组，216型。按一般分类方法，把起重机械分为：轻小型起重设备，起重机和升降机。轻小型起重设备包括：千斤顶、滑车、起重葫芦（手动葫芦和电动葫芦）、绞车和悬挂单轨系统；起重机包括：桥架型起重机、缆索型起重机和臂架型起重机。起重机械分类如图1—1所示。

按起重机的取物装置和用途可分类为：吊钩起重机、抓斗起重机、冶金起重机、电磁起重机、堆垛起重机、集装箱起重机、救援起重机、安装起重机、两用和三用起重机等。

第二节 起重机的基本参数

起重机的基本参数是表征起重机特性的，它包括：起重量、起重力矩、起升高度、工作速度、幅度、起重臂倾角、起重机总

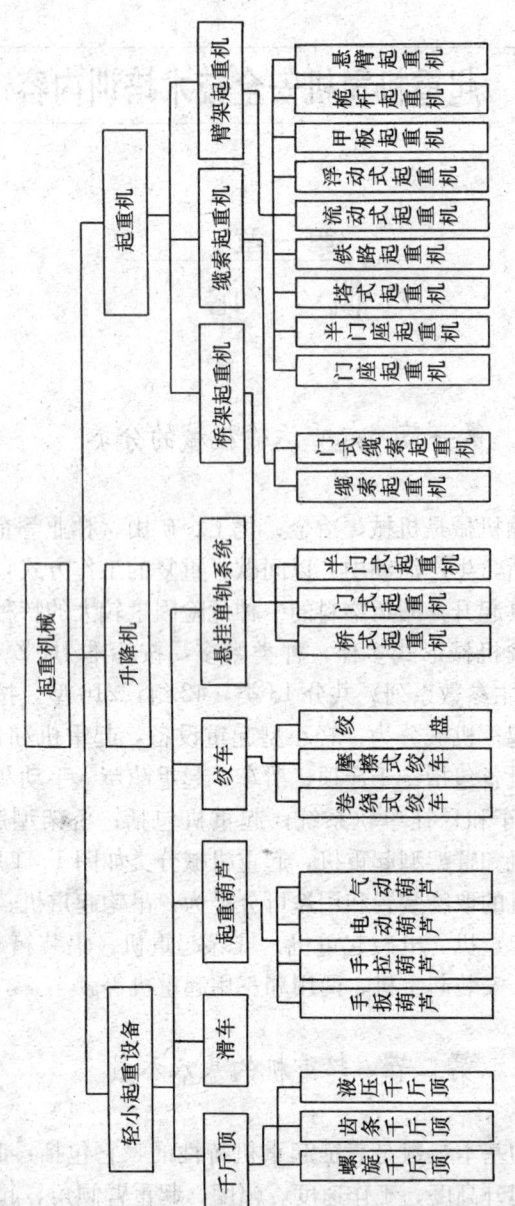

图1—1 起重机械分类

重、轮压等。

一、起重量 G

起重机允许起升物料的最大重量称为额定起重量 G_n。

对于幅度可变的起重机,根据幅度规定起重机的额定起重量。

起重机的取物装置本身的重量(除吊钩组以外),一般应包括在额定起重量之中。如抓斗、起重电磁铁、挂梁、翻钢机以及各种辅助吊具的重量。

二、起重力矩

起重量 G 与幅度 L 的乘积称为起重力矩(载荷力矩)。额定起重力矩:额定起重量 G_n 与幅度 L 的乘积。

三、起升高度

起重机吊具最高和最低工作位置之间的垂直距离称起重机的起升范围 D,如图 1—2 所示。

起重机吊具的最高工作位置与起重机的水准地平面之间的垂直距离称起重机的起升高度 H,如图 1—2 所示。

起重机吊具的最低工作位置与起重机水准地平面之间的垂直距离称起重机的下降深度 h,如图 1—2 所示。

$D=H+h$,当无下降深度的使用场合,起升范围 D 等于起升高度 H。

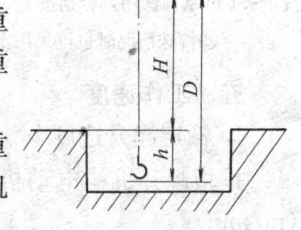

图 1—2 起重机的起升范围示意图

对起重高度和下降深度的测量,以吊钩钩腔中心作为测量基准点,对其他吊具(如抓斗等)以闭合状态的最低点为基准。

四、跨度 S

桥架型起重机两端梁车轮踏面中心线间的距离称为起重机的跨度。

起重机的跨度,由安装起重机的厂房跨度而定。其关系如下:

$$S = L - 2d$$

式中　L——厂房跨度；

d——厂房两侧柱子纵向定位轴线与起重机轨道中心线之间的距离。

起重机跨度值应符合表1—1的规定。

表1—1　　　　电动桥式起重机跨度系列　　　　　　m

厂房跨度 L		9	12	15	18	21	24	27	30	33	36
起重机跨度 S	起重量 3～50 t	7.5	10.5	13.5	16.5	19.5	22.5	25.5	28.5	31.5	
		7	10	13	16	19	22	25	28	31	
	起重量 80～250 t				16	19	22	25	28	31	34

注：①表内起重机跨度 S 值，也适用于露天起重机。

②3～50 t 起重机两种跨度的选用，当厂房梁上需设安全通道时，跨度 S 值按7～31 m 系列选用，否则按7.5～31.5 m 系列选用。

③特殊情况时也可采用本表以外的非标准跨度值。

五、工作速度

1. 额定起升速度 v_n

是指起升机构电动机在额定转速时，取物装置的上升速度（m/min）。

2. 起重机（大车）运行速度 v_k

是指大车运行机构电动机在额定转速时，起重机的运行速度（m/min）。

3. 小车运行速度 v_t

是指小车运行机构电动机在额定转速时，小车的运行速度（m/min）。

4. 变幅速度 v_r

在稳定状态下，额定载荷在变幅平面内水平位移的平均速度。

规定为离地平面 10 m 高度处，风速小于 3 m/s 时，起重机在水平地面上，幅度从最大值至最小值的平均速度（m/min）。

5. 起重臂伸缩速度

起重臂伸出（或回缩）时，其尖部沿臂架纵向中心线移动的速度（m/min）。

6. 行驶速度 v。

在道路行驶状态下，起重机由自身动力驱动的最大运行速度（km/h）。

7. 回转速度 n

在旋转机构电动机为额定转速时，起重机转动部分的回转角速度（最大幅度、带额定载荷）（r/min）。

六、幅度 L

起重机置于水平场地时，空载吊具垂直中心线至回转中心线之间的水平距离。

七、起重臂倾角

在起升平面内，起重臂纵向中心线与水平线间的夹角称为起重臂倾角，一般在 25°～75°之间变化。

八、轮压

起重机的轮压是指小车处在极限位置时，起重机自重和额定起重量作用下在大车车轮上的最大垂直压力。

第三节 起重机的工作级别

起重机的工作级别是表征起重机基本能力的综合参数，用户可根据使用的工艺要求选择适当工作级别的起重机，以达到既适用又经济的目的。

起重机工作级别是按起重机的利用等级和载荷状态来划分的，起重机工作级别共分为八级，即 A_1～A_8 八级，见表 1—2。

表 1—2　　　　　　起重机工作级别

载荷状态	载荷谱系数 K_P	利用等级									
		U_0	U_1	U_2	U_3	U_4	U_5	U_6	U_7	U_8	U_9
Q_1—轻	0.125			A_1	A_2	A_3	A_4	A_5	A_6	A_7	A_8
Q_2—中	0.25		A_1	A_2	A_3	A_4	A_5	A_6	A_7	A_8	
Q_3—重	0.5	A_1	A_2	A_3	A_4	A_5	A_6	A_7	A_8		
Q_4—特重	1.0	A_2	A_3	A_4	A_5	A_6	A_7	A_8			

起重机载荷状态是表明起重机受载的轻重程度,如表 1—3 所示。起重机载荷状态按名义载荷谱系数分为 $Q_1 \sim Q_4$ 四级。

表 1—3　　　　　　起重机载荷状态

载荷状态	名义载荷谱系数 K_P	说　明
Q_1—轻	0.125	很少起升额定载荷,一般起升轻微载荷
Q_2—中	0.25	有时起升额定载荷,一般起升中等载荷
Q_3—重	0.5	经常起升额定载荷,一般起升较重载荷
Q_4—特重	1.0	频繁地起升额定载荷

起重机的利用等级是按起重机设计寿命期内总的工作循环次数 N 来划分的,共分为十级。见表 1—4。

表 1—4　　　　　　起重机利用等级

利用等级	总的工作循环次数 N	附　注
U_0	1.6×10^4	
U_1	3.2×10^4	不经常使用
U_2	6.3×10^4	
U_3	12.5×10^5	
U_4	2.5×10^5	经常轻闲使用

续表

利用等级	总的工作循环次数 N	附 注
U_5	5×10^5	经常中等使用
U_6	1×10^6	不经常繁忙使用
U_7	2×10^6	
U_8	4×10^6	繁忙使用
U_9	74×10^6	

起重机金属结构和其他机构的工作级别是进行起重机设计时的设计依据,这里不加讨论。

第二章
起重机通用部件的安全技术

第一节 取物装置

取物装置是起重机械上用来攫取物品的重要部件。为使起重机械能够高效率和安全地工作，取物装置应满足操作时间短、工作安全可靠、自身重量小，以及构造简单、成本低廉等要求。取物装置可分为通用和专用两种。通用取物装置有吊钩及吊环；专用取物装置有抓斗、起重电磁铁及专用吊具等。

取物装置按吊运的物料类型可分为以下三种类型：第一类是用于吊装成件货物的，如吊钩、夹钳及集装箱的专用吊具；第二类是用于吊装散装物料的，如抓斗、起重电磁铁及料斗等；第三类是用于吊装液态物品的，如桶、缸及特种容器等。

一、吊钩

吊钩是取物装置中使用得最为广泛的一种。它具有制造简单和适用性强的特点。

吊钩通常有两种：锻造吊钩和板钩。

锻造吊钩一般选用强度较高、韧性较好的 20 号优质碳素钢加工而成。板钩应选用 16Mn 或 Q235 等普通碳素钢或低合金钢制造，板钩由每块厚 30 mm 的成型钢板铆合制成。

1. 吊钩的危险断面

吊钩的危险断面是日常检查和安全检验时的重要部位，经过对吊钩的受力分析，得出吊钩有以下危险断面。下面以图 2—1

所示的单钩为例进行说明。吊挂在吊钩上的重物的重量为 Q。

(1) B—B 断面

由于重物的重量通过钢丝绳作用在这个断面上，此作用力有把吊钩切断的趋势，在该断面上产生剪切应力。

又由于该处是钢丝绳索具或辅助吊具的吊挂点，索具等经常对此处摩擦，该断面会因磨损而使其横截面积减小，从而增大剪断吊钩的危险。

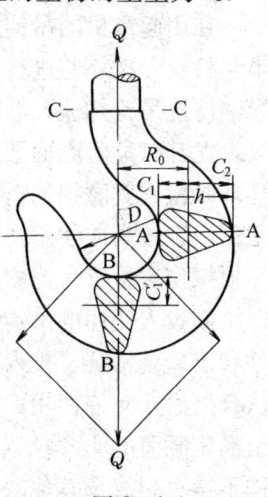

图 2—1

(2) C—C 断面

由于重物重量 Q 的作用，在该面上这个作用力有把吊钩拉断的趋势。这个断面位于吊钩柄柱螺纹的退刀槽处，该断面为吊钩最小断面，有被拉断的危险。

(3) A—A 断面

吊钩在重物重量 Q 的作用下，产生拉、切应力之外，还有把吊钩拉直的趋势，图 2—1 所示的吊钩中，中心线以右的各断面除受拉伸之外，还受到力矩 M 的作用。

在力矩 M 的作用下，A—A 断面的内侧产生弯曲拉应力，外侧产生弯曲压应力。A—A 断面的内侧受力为 Q 力的拉应力和 M 力矩的拉应力叠加，外侧则为 Q 力的拉应力与 M 力矩的压应力叠加，这样内侧应力将是两部分拉应力之和，外侧应力将是两应力之差，即内侧应力将大于外侧应力，这就是把吊钩断面做成内侧厚、外侧薄的梯形或 T 字形断面的原因。

2. 吊钩的安全技术要求

吊钩广泛地使用在各种形式的起重机械中。目前使用的吊钩有的按沿用的行业标准制造，有的按 GB 10051.1～5《起重吊钩》制造。在检查和检验时，各类吊钩的检查项目和内容均相同，但在要求上略有不同。

（1）吊钩的安全检查

在用起重机的吊钩应根据使用状况定期进行检查，但至少每半年检查一次，并进行清洗润滑。吊钩一般的检查方法是：先用煤油清洗吊钩钩体，然后用 20 倍放大镜检查钩体是否有疲劳裂纹，尤其对危险断面要仔细检查，对板钩的衬套、销轴、轴孔、耳环等检查其磨损的情况，检查各紧固件是否松动。某些大型的工作级别较高或使用在重要工况环境的起重机的吊钩，还应采用无损探伤法检查吊钩内、外部是否存在缺陷。

新投入使用的吊钩要认明钩件上的标记、制造单位的技术文件和出厂合格证。投入正式使用前应根据标记进行负荷试验，确认合格后才允许使用。检验方法是：以递增方式，逐步将载荷增至额定载荷的 1.25 倍，吊钩负载时间不少于 10 分钟。卸载后吊钩不得有裂纹及其他缺陷，其开口度变形不应超过 0.25%。

使用后有磨损的吊钩也应做递增的负荷试验，重新确定使用载荷值。

（2）吊钩的报废标准

不准使用铸造吊钩，吊钩固定牢靠。转动部位应灵活，钩体表面光洁，无裂纹、剥裂及任何有损伤钢丝绳的缺陷。钩体上的缺陷不得焊补。为防止吊具自行脱钩，吊钩上应设置防止意外脱钩的安全装置。

吊钩出现下述情况之一时，应报废：

1）表面有裂纹。

2）危险断面磨损量：按行业沿用标准制造的吊钩，应不大于原尺寸的 10%；按 GB 10051.2 制造的吊钩，应不大于原高度的 5%。

3）开口度比原尺寸增加 15%。

4）扭转变形超过 10°。

5）危险断面或吊钩颈部产生塑性变形。

6）板钩衬套磨损达原尺寸的 50% 时，应报废衬套；板钩芯轴磨损达原尺寸的5％时,应报废芯轴。

板钩的铆接不得松动,板间的间隙不得大于0.30 mm。

二、抓斗

1. 概述

抓斗是一种由机械或电动控制的自行取物装置,主要用于装卸散粒物料。若对抓斗的颚板进行必要的改造;抓斗还可用于装卸原木等其他的物料。

抓斗在工作中,具有斗的升降和开闭两种动作。抓斗的起升机构和开闭机构设置于斗外时称为绳索式抓斗。起升机构和开闭机构合并时称为单绳抓斗;起升机构和开闭机构分开设置时称为双绳抓斗。抓斗的开闭机构设置在抓斗内时,通常采用一台电动葫芦或电动绞车来操纵开闭,这种抓斗称为电动抓斗。

抓斗一般由两个颚板、一个下横梁、四个支撑杆和一个上横梁组成。

图2—2示意的是双绳抓斗。它由两个独立的卷筒分别驱动开闭绳和支持绳来完成张斗、下降、闭斗和提升等四个动作。

电动抓斗的升降是由起重机的起升机构来完成的。抓斗的开闭则是安装在抓斗内的上横梁下方的电动葫芦或电动绞车来实现的。

抓斗式起重机的起重量应为抓斗自重与被抓取物料重量之和。

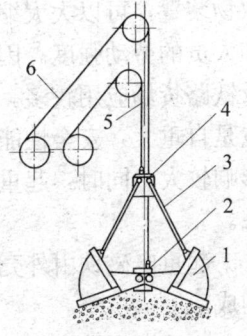

图2—2 双绳抓斗工作原理图

1—颚板 2—下横梁
3—支撑杆 4—上横梁
5—支持绳 6—开闭绳

2. 抓斗的安全技术要求

(1) 刃口板检查

发现裂纹应停止使用,有较大变形和严重磨损的刃口板应修理或更新。

(2) 铰链销轴应做定期检查

当销轴磨损超过原直径的10%时,应更换销轴;当衬套磨损超过原厚度的20%时,应更换衬套。

(3) 抓斗闭合时,两水平刃口和垂直刃口的错位差及斗口接触处的间隙不得大于3 mm,最大间隙处的长度不应大于200 mm。

(4) 抓斗张开后,斗口不平行差不得超过20 mm。

(5) 抓斗起升后,斗口对称中心线与抓斗垂直中心线应在同一垂直面内,其偏差不得超过20 mm。

(6) 双绳抓斗更换钢丝绳时,应注意两套钢丝绳的捻向应相反,以防升降和开闭时钢丝绳在运行过程中互相缠绕或使抓斗回转摆动。

三、起重电磁铁

对于具有导磁性的黑色金属及其制品,采用起重电磁铁作为取物装置,可以大大缩短钢铁材料及其制品的装卸时间和减轻装卸人员的劳动强度。因而在冶金工厂、机械工厂、冶金专用码头及铁路货场应用较多。起重电磁铁作为起重机械的取物装置的缺点是自重大,安全性能较差,并且受温度及物料中锰、镍含量的影响较大。同时,起重电磁铁的起重能力与物料的形状和尺寸有关。

起重电磁铁由外壳、线圈、外磁极、内磁极和非磁性锰钢板构成。

起重电磁铁有以下安全技术要求:

1) 每班使用前必须检查起重电磁铁电源的接线部位和电源线的绝缘状态是否良好,如有破损应立即进行修复。

2) 起重电磁铁的外壳与起重机应有可靠的电气连接。

3) 起重电磁铁的供电电路应与起重机主回路分立。

4) 吊运温度高于200℃以上的钢铁物料,应使用专用的高温起重电磁铁。

5) 起重电磁铁在吊运物料,特别是吊运碎钢铁时,不允许在人和设备的上方通过。

6）电磁铁式起重机要装设断电报警装置，以便操作人员在供电电源断电后及时采取防范措施。

四、吊具

吊具属于专用取物装置。用于吊运成件物品的专用吊具，按其夹紧力产生方式的不同，可分为杠杆夹钳、偏心夹钳和他动夹钳等三大类，如图2—3所示。

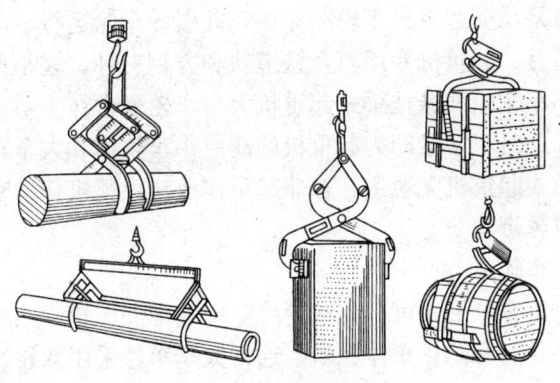

图2—3 常用吊具

杠杆夹钳的夹紧力是由物料自重通过杠杆原理产生的。因此，当钳口距离保持不变时，夹紧力与吊物自重成正比，从而能可靠地夹持货物。

偏心夹钳的夹紧力是由物料自重通过偏心块和物料之间的自锁作用而产生的。

他动夹钳的夹紧力是依靠外部加力，通过螺旋机构产生的，与物料的自重和尺寸大小无关。

吊具的安全技术检查：

1）使用前应检查铰接部位的杠杆有无变形、裂纹。

2）对转动部位的轴、销进行定期检查和润滑。如有较大的松动、磨损、变形等，应及时予以修理和更换。

3) 新投入使用的吊具应进行负载试验，经检验合格后才能允许使用。

第二节　车轮和轨道

车轮是用来支撑起重机和载荷，并在轨道上使起重机往复运行的装置。

轨道是承受起重机车轮的轮压，并引导车轮运行。起重机常用的轨道有：起重机专用轨，铁道轨和方钢三种。轻小型起重机的葫芦小车车轮和悬挂梁式起重机大车车轮通常在工字梁下翼缘上运行，此时工字梁即为起重机的葫芦小车轨道和大车轨道。

流动式起重机无轨道。在非起重作业时，整机移动时使用橡胶轮胎或履带。

一、车轮

车轮按轮缘形式可分为双轮缘，单轮缘和无轮缘三种。轮缘的作用是导向和防止车体脱轨。通常大车车轮采用双轮缘，高度为 25～30 mm；小车车轮采用单轮缘，高度为 20～25 mm；无轮缘车轮只能用于车轮两侧具有水平导向滚轮的装置中。

适当增加轮缘高度，可减少轮缘磨损。

车轮按踏面形式可分为圆柱形，圆锥形和鼓形轮三种。在钢轨上行走的起重机均采用前两种踏面形式，鼓形踏面车轮只用于在工字梁下翼缘上运行的电动葫芦上。对于桥式起重机，集中驱动的大车主动车轮采用双轮缘锥形踏面，并必须配用顶面为圆弧形的轨道，被动车轮采用双轮缘圆柱形踏面，圆锥形踏面的车轮在运行时能自动对中，防止车体走斜。在工字梁下翼缘上运行的车轮，也有采用锥形踏面车轮。

小车车轮采用单轮缘圆锥形踏面车轮时，轮缘一端应安置在轨道的外侧。

车轮与轴、轴承和轴承箱等组成车轮组。车轮主要损伤的形式是磨损、硬化层压碎和点蚀。

车轮的材料一般采用 ZG 340～640 铸钢。为了提高车轮表面的耐磨强度和使用寿命，踏面应进行表面热处理，要求表面硬度为 HB 300～350，淬火深度不少于 20 mm。

二、轨道

中、小型起重机的小车轨道常采用 P 型铁路钢轨或方钢，大型起重机的大车、小车轨道可采用 P 型铁路钢轨和 QU 型起重机专用轨。

葫芦式起重机的小车及悬挂式起重机的大车轨道常采用工字钢作为轨道。

轨道可用压板和螺栓固定，特殊场合可采用焊接方式固定，以保证轨距的大小公差，使车轮在轨道运行不出现啃道现象。

三、车轮与轨道的安全技术要求

1. 车轮的安全技术要求

1）检查车轮各个部位，车轮的踏面，轮缘和轮辐发现裂纹时，应更换车轮。

2）车轮轮缘磨损量超过原厚度的 50％时，或轮缘弯曲变形达原厚度的 20％时，车轮应报废。

3）车轮踏面的径向跳动不应大于直径的公差。

车轮踏面在下列情况时允许修理：

①圆柱形踏面的两主动轮的直径差：

车轮直径 ϕ250～500 mm 时，不大于 0.125 mm；

车轮直径 ϕ600～900 mm 时，不大于 0.30 mm。

②圆柱形踏面的两被动轮的直径差：

车轮直径 ϕ250～500 mm 时，不大于 0.60 mm；

车轮直径 ϕ600～900 mm 时，不大于 0.90 mm。

③圆锥形踏面直径偏差大于名义直径的 1/1 000 时，应重新加工修理。

在使用过程中，踏面剥离，擦伤的面积大于 2 cm^2，深度大于3 mm时,允许修理,否则应报废。

车轮由于磨损或因其他缺陷,重新加工修理,踏面厚度损失达原厚度的15%时,车轮报废。

④装配后的车轮组,车轮基准端面摆幅不得大于0.1 mm,轮缘及轮径的壁厚偏差不应大于3 mm,装配后的车轮组,应能用手灵活地转动。

2. 轨道的安全技术要求

1) 检查钢轨、螺栓、鱼尾板有无裂纹、松脱和腐蚀。发现裂纹应及时更换,如有其他缺陷应及时修理。

2) 轨道的调整:轨道的接头可做成直接头,也可以做成45°斜接头,一般接头的缝隙为1～2 mm,在寒冷地区冬季施工或安装时应考虑温度缝隙一般为4～6 mm。接头处,两轨顶面高度差不得大于1 mm,侧面直线度不大于2 mm。

两轨道同一截面高度差不得大于10 mm。每根轨道沿长度方向,每2 m测量长度不得大于2 mm,全长上不得超过15 mm。

第三节 滑轮和卷筒

一、滑轮

滑轮,按其运动的方式可分为定滑轮和动滑轮两类。滑轮与滑轮轴、轴承、滑轮罩及其他零件构成滑轮组。滑轮组分为定滑轮组和动滑轮组。动滑轮组通常与吊钩组配合工作,同步运行。定滑轮组一般安装在起重小车上。

滑轮通常用HT 150或HT 200灰铸铁或ZG 270～500铸钢浇铸后经机加工而成。对于直径较大的滑轮,可采用焊接滑轮。为了延长钢丝绳的使用寿命,常在钢制滑轮的绳槽底部镶上铝合金或尼龙材料,甚至直接采用铝合金或尼龙材料制作的滑轮。

起重机用滑轮组按构造形式可分为单联滑轮组和双联滑

轮组。

单联滑轮组是钢丝绳一端固定，另一端通过一系列动、定滑轮，然后绕入卷筒的滑轮组形式。电动葫芦通常采用单联滑轮组，其结构比较简单，升、降时吊物随卷筒回转而发生水平移动。

双联滑轮组是钢丝绳由平衡轮两侧引出，分别通过一系列动、定滑轮，然后同时绕入卷筒的滑轮组形式。平衡轮位于整根钢丝绳中间部位。双联滑轮组用于桥架式起重机。由于有平衡轮，吊钩在升降时不会引起吊物水平方向的位移。

由于钢丝绳经动、定滑轮的多次穿绕后，会使钢丝绳单根负载拉力随承载绳数增多而减小。

滑轮组倍率表明滑轮组省力倍数或减速的倍数，其表达式为：

$$滑轮组倍率\ m = \frac{起升载荷\ G}{理论提升力\ S} = \frac{承载分支数}{绕入卷筒分支数}$$

滑轮是转动零件，应经常进行维修，检查和润滑。

滑轮组的安全技术要求有：

1) 滑轮组润滑良好，转动灵活；滑轮侧向摆动不得超过滑轮名义尺寸的千分之一。

2) 滑轮罩及其他零部件不得妨碍钢丝绳运行。应有防止钢丝绳跳出轮槽的防护装置。

3) 滑轮有以下情况之一时，应报废
① 有裂纹或轮缘破损。
② 轮槽不均匀磨损达 3 mm 时。
③ 轮槽壁厚磨损达原壁厚的 20% 时。
④ 轮槽底部直径磨损量达钢丝绳直径的 50% 时。

4) 滑轮轮槽表面光洁平滑，不应有损伤钢丝绳的缺陷。

二、卷筒

卷筒是起升机构中用来缠绕钢丝绳的部件。卷筒与卷筒轴、法兰式内齿圈、卷筒毂、轴承和轴承座等组成卷筒组。当卷筒轴一端装有旋转式上升极限位置限制器的开关时，必须确保卷筒轴与上升限位开关的转轴同步旋转。

桥式类型起重机卷筒的表面制有导向螺旋槽，通常钢丝绳只进行单层缠绕。当起升高度较大时，为了缩短卷筒尺寸，可采用多层卷绕。卷筒壁的导向槽通常采用标准槽，只有当钢丝绳有脱槽危险时（例如抓斗卷筒）才采用深槽螺旋槽。

卷筒材料一般采用铸铁。特别需要时可用铸钢或用钢板卷制焊接制造。卷筒是比较耐用的零件，常见的损坏部位是卷绳用的沟槽处。损坏的原因是由于钢丝绳对它的磨损，尤其是当润滑不良时，更会加剧磨损。同时，钢丝绳在卷绕过程中，当钢丝绳对卷筒和滑轮偏斜角过大时，也会使钢丝绳与绳槽峰或滑轮槽壁及钢丝绳之间产生严重的摩擦，使卷筒槽峰磨损。其结果会造成钢丝绳脱槽。当沟槽磨损到不能控制钢丝绳在沟槽中有秩序地排列，而经常跳槽或发现卷筒壁有裂纹时，应更换新的卷筒。

钢丝绳在卷筒上的固定是利用压板或楔块将钢丝绳压在卷筒的壁上。钢丝绳的固定应安全可靠且便于检查和更换。

1. 钢丝绳尾端的固定方式

1) 利用楔形块固定绳端的方法，常用于直径比较细的钢丝绳。

2) 绳端用螺栓、压板固定在卷筒外表面。压板上的沟槽与卷筒相配合。经常拆装钢丝绳的铸铁卷筒，应采用双头螺栓。每端压板数至少 2 个。

3) 钢丝绳尾端穿入卷筒内部特制的槽内后，用螺栓和压板压紧。

2. 卷筒组的安全技术要求

1) 取物装置在上极限位置时，钢丝绳全卷在螺旋槽中；取物装置在下极限位置时，每端固定处都应有 1.5～2 圈固定钢丝绳用槽和 2 圈以上的安全槽。

2) 应定期检查卷筒组的运转状态：
①检查卷筒和轴不得有裂纹，如发现裂纹要及时报废更新。
②卷筒壁磨损至原壁厚的 20% 时卷筒报废，应立即更换。
③卷筒毂上不得有裂纹，与卷筒联结就应紧固，不得松动。
④钢丝绳尾端的固定应可靠，固定装置应有防松或自紧性能。

3) 卷筒与绕出钢丝绳的偏斜角对于单层缠绕机构不应大于 $3.5°$，对于多层缠绕机构不应大于 $2°$。

4) 多层缠绕的卷筒，端部应有凸缘。凸缘应比最外层钢丝绳或链条高出 2 倍的钢丝绳直径或链条的宽度。单层缠绕的单联卷筒也应满足上述要求。

5) 组成卷筒组的零件齐全，卷筒转动灵活，不得有阻滞现象及异常声响。

第四节 减速器和联轴器

一、减速器

桥式类型起重机常用的卧式减速器有 ZQ 型，ZHQ 型齿轮减速器；常用的立式减速器有 ZSC 型齿轮减速器。按输出轴安装形式不同可分为轴装和套装两种。此外，常用的减速器还有蜗轮减速器、行星轮减速器和硬齿面减速器。其他类型的起重机有各自专用的减速器。

齿轮减速器在使用中经常会出现轮齿的损坏。经常出现的损坏形式有轮齿断裂、齿面点蚀、齿面磨损、齿面胶合及齿面塑性变形等五种：

1. 减速器在使用中常见故障

(1) 连续的噪声

主要是齿顶与齿根相互挤磨所致，将齿顶尖角磨平即可解决。

(2) 不均匀的噪声

主要是斜齿轮副的螺旋角不一致，或轴线不平行所致，应更换不合格的零件。

(3) 断续而清脆的撞击声

主要是啮合面存有异物或有凸起的疤痕所致，清除异物或铲除疤痕后即可解决。

(4) 发热

轴承损坏，润滑不良或装配不当。

(5) 振动

减速器连接的部件有松动，底座或支架的刚度不够时，会产生振动现象。

(6) 漏油

减速器箱体的开合面不平，闷盖与箱体连接处，当密封破坏后会出现漏油现象。

2. 减速器的安全技术要求

1) 经常检查地脚螺栓，不得有松动、脱落和折断。

2) 每天检查减速器箱体，轴承处的发热不能超过允许温度升高值。当温度超过室温 40℃时，应检查轴承是否损坏，是否安装不当或缺少润滑油脂，负荷时间是否过长，运行有无卡滞现象等。

3) 检查润滑部位。减速器使用初期，应每三个月更换一次润滑油，并清洗箱体，去除金属屑，以后半年至一年更换一次。润滑油不得泄漏，同时油量要适中。

4) 听察齿轮啮合声响。噪声过高或有异常撞击声时，要开箱检查轴和齿轮有无损坏。

5) 用磁力或超声波探伤检查减速器箱体和轴，发现裂纹应及时更换。

6) 壳体不得有变形、开裂缺损现象。

3. 减速器零件中有下列情况之一时，应予以报废

1）齿轮有裂纹和断齿。
2）齿面点蚀损坏达啮合面 30% 或深度达原齿厚的 10% 时。
3）起升机构第一级啮合齿轮磨损达原齿厚的 10%，其他啮合级达原齿厚的 20% 时应报废；其他机构第一级啮合齿轮原齿厚磨损达 15%，其他啮合级齿厚磨损达原齿厚的 25% 时应报废；开式齿轮传动中的齿轮齿厚磨损达原齿厚的 30% 时，该齿轮报废。
4）减速器壳件严重变形、裂纹、且无修复价值时，该件报废。

二、联轴器

联轴器用于连接两根轴，使其一起旋转，并传递扭矩。

联轴器的种类很多，在起重机中主要采用齿轮联轴器，弹性圈柱销联轴器，片式和锥式摩擦器。此外如万向联轴器，链条联轴器，鼓销联轴器也有采用。

联轴器安全技术要求有：
1）转动中的联轴器径向跳动或端面跳动是否超出极限。
2）联轴器与被连接件间的键有无松动、变形或出槽；键槽有无裂痕和变形，有无滚键。用承剪螺栓连接的联轴器，其螺栓有无松动、脱落和折断，当出现上述情况时，应停机处理。
3）带有润滑装置的联轴器的密封装置应完好。
4）齿轮联轴器有裂痕、断齿或起升机构和非平衡变幅机构齿轮齿厚磨损量达原齿厚的 15%，其他机构齿轮齿厚磨损量达原齿厚的 20% 时，联轴器不能再使用。
5）起升机构使用的制动轮联轴器，应加设隔热垫。

第五节 制动装置

起重机械的各机构中，制动装置是用来保证起重机能准确、可靠和安全运行的重要部件。起升机构的制动装置保证了吊物停止位置，并且在起升机构停止运行后能使吊物保持在该位置，起到阻止重物下落的作用。运行机构及其他机构的制动装置除用来实现停车及保持在停留位置外，在某些特殊情况下，还可根据工作需要实现降低或调节机构运行速度。

制动装置通常由制动器、制动轮和制动驱动装置组成。它是通过摩擦原理来实现机构制动的。当设置在静止机座上的制动器的摩擦部件以一定的作用力压向机构中某一运行转轴上的被摩擦部件时，这两接触面间产生的摩擦力对转动轴线产生了摩擦力矩，这个力矩通常称为制动力矩。当制动力矩与吊物重量或运行时的惯性力产生的力矩相平衡时，即达到了制动要求。

起重机采用的制动器是多种多样的。制动器按结构特性可分为块式、带式和盘式三种。其中块式制动器在卷扬式起重机中广泛使用。盘式制动器多用于电动葫芦的制动及电动葫芦类型起重机的大、小车运行机构的锥形电动机中。制动器按工作状态可分为常闭式和常开式两种。常闭式制动器在制动装置静态时处于制动状态。起重机械在起升、变幅、运行和旋转机构都必须装设制动器。起升机构和变幅机构设置的制动器必须是常闭式的。吊运炽热金属或易燃、易爆等危险品，以及发生事故后可能造成重大危险或损失的起升机构的每一套驱动装置都应装设两套制动器。

一、制动器的类型结构

桥式类型起重机上采用的制动器通常由制动器架和驱动装置组成。制动器架由带有制动瓦的左、右制动臂、主弹簧、辅助弹簧、拉杆、杠杆角板、制动间隙调整装置及底座等组成。

根据驱动装置不同，制动器可分为：短行程电磁铁制动器、长行程电磁铁制动器、液压推杆瓦块式制动器和液压电磁铁瓦块式制动器等。

制动器工作原理是：驱动装置未动作时，制动臂上的瓦块在主弹簧张力的作用下，紧紧抱住制动轮，机构处于停止状态。驱动装置动作时产生的推动力推动拉杆，并使主弹簧被压缩，同时使左、右制动臂张开,使左、右制动瓦块与制动轮分离,制动轮被释放。当驱动装置失去动力后,主弹簧复位的同时带动左、右制动臂及制动瓦块压向制动轮,从而使机构的制动轮联同轴一起停止运行,达到制动目的。

1. 短行程电磁铁制动器

短行程电磁铁制动器的结构如图 2—4 所示。其驱动装置为单相电磁铁(MZD1 系列)。

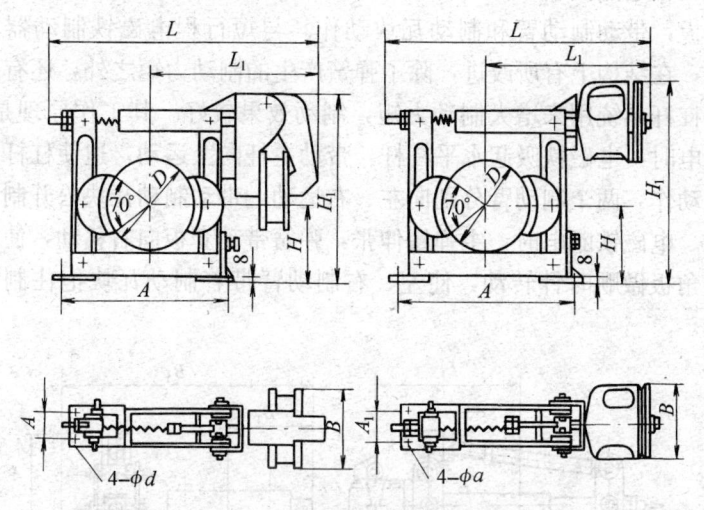

图 2—4 短行程电磁铁瓦块式制动器结构图

当装有制动器的机构工作时,机构的电动机同时与其并接的制动电磁铁线圈一起接通电源,电磁铁线圈产生的磁力将衔铁吸合,绕铰点做顺时针方向转动,顶着推杆向左移动,迫使主弹簧进一步压缩,当电磁铁的吸力与弹簧的压力平衡时,在辅助弹簧的张力及电磁铁自重的偏心力矩作用下,使左、右制动臂张开,带动制动臂上的制动瓦与制动轮分离,机构在电动机转矩作用下转动运行。当切断电源时,电动机和电磁铁线圈同时断电,从而失去磁力,在主弹簧张力作用下,推杆、制动臂、瓦块做反方向运动,制动瓦抱住制动轮,使机构停止转动。

短行程电磁铁制动器的优点是：衔铁行程短，制动器重量轻，结构简单，便于调整。缺点是：由于动作迅速，吸合时的冲击直接作用在制动器上，容易使螺栓松动，导致制动器失灵；产生的惯性力较大，使桥架剧烈振动。

2. 长行程电磁铁制动器

长行程电磁铁制动器的结构如图 2—5 所示。它的驱动装置是三相电磁铁（MZS1 系列）。电磁铁通过杠杆系统来推动杠杆角板，带动制动臂和制动瓦块动作。与短行程电磁铁制动器相比，在结构上有所改进，除了弹簧产生的制动力矩之外，还有一套杠杆系统用来增大制动力矩，制动效果较好。其工作原理是：通电时，电磁铁吸起水平杠杆，带动主杆向上运动，迫使杠杆角板动作，两个制动臂分别向左、右运动，带动制动瓦块松开制动轮。电磁铁断电时，主弹簧伸张，弹簧带动套板向右移动，使杠杆角板做顺时针转动，使左、右制动臂带着制动瓦块抱住制动轮。

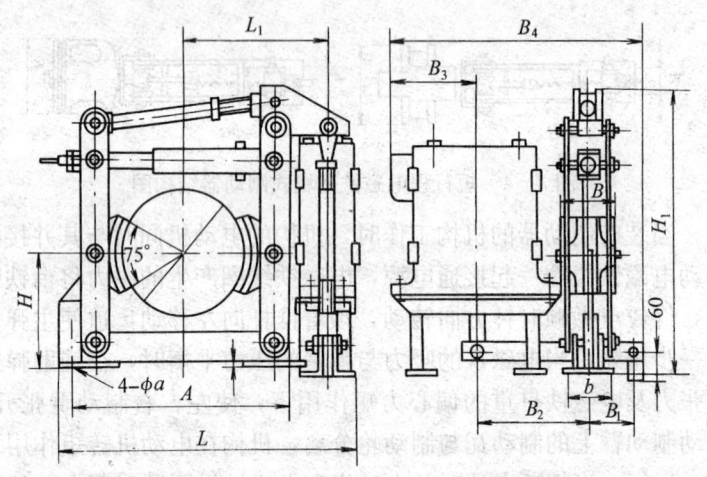

图 2—5　长行程电磁块式制动器结构图

长行程电磁铁制动器的优点是：制动力矩稳定，安全可靠。缺点是：增加了一套杠杆系统，因此在制动时冲击惯性较大，振动和声响也较大，由于铰点较多，容易磨损，需要经常调整。

3. 液压推杆瓦块式制动器

液压推杆瓦块式制动器的结构如图 2—6 所示。它的驱动装置为液压推杆装置，其制动力也是来自主弹簧。液压推杆瓦块式制动器工作机理是：当机构电动机通电时，驱动装置的电动机也通电，使电动机轴上的叶轮旋转，叶轮腔体内的液体在离心力作用下被甩出来，这些具有一定压力的液体作用在活塞的下部，推动活塞上升，同时推动导向杆上升，使制动器架的制动臂带动制动瓦块，在杠杆逆时针回转时一起动作，使制动瓦与制动轮分离。当机构断电时，机构主电动机与制动驱动电动机同时断电，叶轮停止转动，活塞下部的液体失去压力，在主弹簧张力的作用下使推杆向下运动，制动瓦块又将制动轮抱住，达到制动目的。

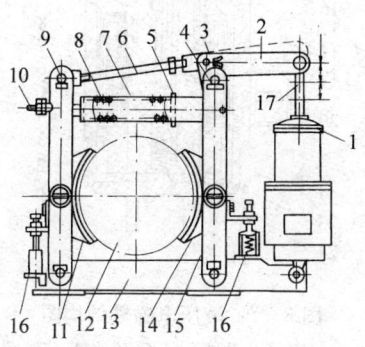

图 2—6　液压电磁推杆瓦块式制动器结构图
1—液压电磁铁　2—杠杆　3、4—销轴　5—挡板　6—螺杆　7—弹簧架
8—主弹簧　9—左制动臂　10—拉杆　11、14—瓦块　12—制动轮
13—支架　15—右制动臂　16—自动补偿器　17—推杆

液压推杆瓦块式制动器具有启动与制动平稳，无噪声，允许开闭次数多，能达到每小时 600 次以上，使用寿命长，推力恒

定，结构紧凑和调整维修方便等优点。缺点是用于起升机构时会出现较严重的"溜钩"现象，因而不宜用于起升机构，也不适用于低温环境，只适用于垂直位置，偏角一般不大于10°。

4. 液压电磁铁瓦块式制动器

液压电磁铁瓦块式制动器由制动器架、液压电磁铁及硅整流器等三部分组成。其制动器架与液压推杆瓦块式制动器的制动器架相同。硅整流器是为电磁铁提供直流电源的装置。制动是由主弹簧来完成的，制动器的驱动装置是液压电磁铁。液压电磁铁的结构如图2—7所示。

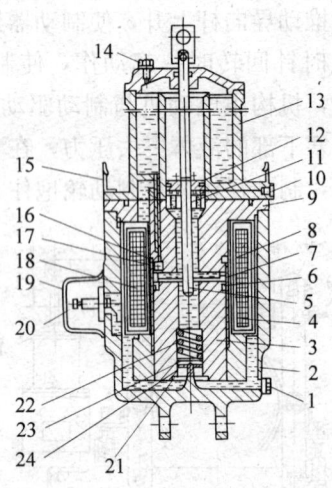

图2—7 液压电磁铁结构图

1—放油螺塞 2—底座 3—动铁心 4—绝缘圈 5—推杆 6—密封环
7—垫 8—引导套 9—静铁心 10—放气螺塞 11—轴承 12—活塞
13—油缸 14—注油螺塞 15—吊耳 16—齿形阀片 17—齿形阀
18—线圈 19—接线盒 20—接线柱 21—下阀体 22—弹簧
23—带孔阀座 24—下阀片

液压电磁铁由推杆、油缸、底座、活塞和电磁铁等主要零件组成，动铁心和静铁心中间有一个工作间隙，其间隙中充满油液。机构电动机与电磁铁线圈的电源通断是同步的。当电磁铁线圈通电后,动铁心在电磁作用下向上运动,由于齿形阀片的阻流作用,工作间隙的液体被压缩而产生了压力,并进入推杆与静铁心之间的间隙内,从而推动活塞,使活塞与推杆一起向上移动,推动杠杆板时压紧主弹簧,制动器架的制动臂外张,制动瓦块与制动轮分离;电磁铁断电后,推杆在制动器主弹簧张力作用下,迫使动铁心下降,制动器又将制动。

液压电磁铁瓦块式制动器的优点是:具有启动和制动平稳,无噪声,接电次数多,使用寿命长,能自动补偿制动器的磨损,不需要经常维护和调整,结构紧凑和调整维修方便等。缺点是在恶劣的工作条件下硅整流器容易损坏。

二、制动器的使用与维护

1. 制动器的调整

起重机的制动器在使用过程中,由于摩擦和磨损,会使制动摩擦片磨损变薄,铰链副会因磨损造成间隙增大,这样会使制动力矩减小,制动间隙增大,以致造成制动失效。为了使机构的工作准确、安全和可靠,应按工作需要的制动力矩和安全要求进行调整。制动器的调整通常包括以下三个方面:调整工作行程、调整制动力矩、调整制动间隙。

制动器可靠的制动力矩是通过调整主弹簧的长度,即通过调整主弹簧的张力来实现的。为了使两个制动瓦块对制动轮的作用力均匀和相等,同时两个制动瓦块在张开时与制动轮间的间隙应均匀相等。制动间隙通常用调整工作行程的大小来实现。

当一套机构有两套制动器时,应逐个调整每套制动器,保证每套制动器都能单独在额定负荷时能可靠地工作。为保证设备安全,制动器调整时应保证拥有必要的安全制动行程。

(1) 短行程制动器的调整

1) 调整制动力矩是通过调整主弹簧的工作长度来实现的。调整方法是用扳手把住螺杆方头,用另一扳手转动主弹簧固定螺母见图2—8。弹簧可伸长或压缩,制动力矩随之减小或增大。调整完毕后,再用另外螺母锁紧螺杆及主弹簧调整螺母,以防止松动,保证制动力矩不变化。

2)调整工作行程是通过调整电磁铁的冲程来实现。调整的方法是用一扳手把住锁紧螺母,用另一扳手转动弹簧推杆方头(见图2—9),使推杆前进或后退,前进时冲程增大,后退时冲程减小。直至获得允许的冲程,允许值见表2—1。

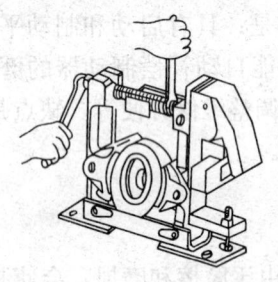
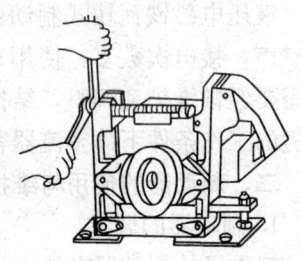

图2—8 调整主弹簧示意图　　图2—9 调整电磁铁冲程示意图

表2—1　　　　　　电磁铁允许冲程

电磁铁型号	MZD_1—100	MZD_1—200	MZD_1—300
冲程(mm)	3	3.8	4.4

3)调整两制动块与制动轮间的间隙,使两侧间隙均匀。调整方法是推动电磁铁衔铁与铁心合并到一起,使制动瓦块自然松开,调整间隙调整螺母,使两侧间隙均匀(见图2—10)。短行程制动器制动瓦块与制动轮允许间隙见表2—2。

表2—2　　短行程制动器制动瓦块与制动轮允许间隙(单侧)

制动轮直径(mm)	100	200/100	200	300/200	300
允许间隙(mm)	0.6	0.6	0.8	1	1

(2)长行程制动器的调整

1)制动力矩是通过调整主弹簧的工作长度来实现的。调整

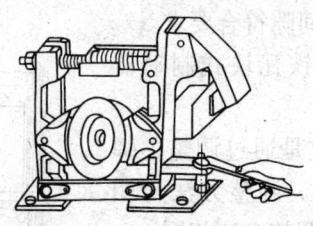

图 2—10　调整制动瓦与制动轮间隙图

方法与短行程制动器的调整方法大体相似，转动调整螺母，使主弹簧伸缩来获得必要的制动力矩。调整完毕后，应用锁紧螺母将调整螺母锁紧，以防松动。

2) 驱动装置的工作行程也用调整弹簧推杆冲程来完成。方法是松开推杆上的锁紧螺母，转动推杆和拉杆，即可调整推杆冲程。制动瓦衬未磨损前，应留有 20～30 mm 的冲程。

3) 调整制动间隙的方法是拉起螺杆，使制动瓦块与制动轮间形成最大的间隙，调整推杆和调整螺栓，使制动瓦块与制动轮之间的间隙在表 2—3 中规定的范围内，且使两侧相等。

表 2—3　长行程制动瓦块与制动轮之间允许间隙（单侧）

制动轮直径（mm）	200	300	400	500	600
允许间隙（mm）	0.7	0.7	0.8	0.8	0.8

(3) 液压推杆瓦块式制动器的调整

1) 制动力矩即主弹簧工作长度的调整与前述调整方法相同。

2) 调整推杆工作行程。要求是：在保证制动瓦块最小的退距的前提下，液压推杆的行程越小越好。

调整的方法是（见图 2—11）：松开推杆的锁紧螺母，转动推杆，使液压推杆的行程符合技术要求，然后再锁紧推杆上的螺母，以防松动。

3) 调整制动瓦块与制动轮间的间隙。用手抬起液压推杆到最高位置，松开自动补偿器的锁紧螺母，旋动调整螺栓，使制动瓦块与制动轮间的间隙符合要求。

（4）液压电磁铁瓦块式制动器的调整

1）制动力矩也是通过调整主弹簧工作长度来实现。调整方法与相应制动器架主弹簧调整方法相同。

2）调整放松制动的补偿行程。调整方法是：松开锁紧螺母，转动斜拉杆，使补偿行程的数值符合规定要求，然后将锁紧螺母旋紧。

3）制动瓦块与制动轮间的间隙的调整方法与液压推杆瓦块式制动器相同。

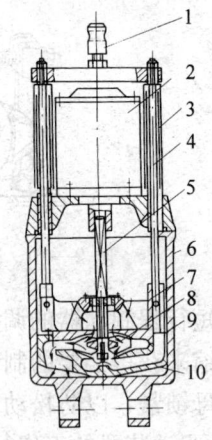

图2—11 叶轮式液压推杆图
1—连接头 2—空心轴电动机
3—推杆 4—防尘管 5—方轴
6—油缸 7—活塞盖 8—叶轮
9—活塞 10—压力油腔

2. 制动器的检修和维护

经常地检查和保养制动器是一项非常重要的工作。起重机的起升机构的制动器，在每个工作班开始工作前均应进行检查。

（1）检修时的注意事项

1）注意检查制动电磁铁的固定螺栓是否松动脱落；检查制动电磁铁是否有剩磁现象。

2）制动器各铰接点应转动灵活无卡滞现象，杠杆传动系统的"空行程"不应超过有效行程的10%。

3）检查制动轮的温度。一般不得高于环境温度120℃。

4）制动时，制动瓦应紧贴在制动轮上，且接触面不小于理论接触面积的70%；松开制动时，制动瓦块上的摩擦片应脱开制动轮，两侧间隙应均等。

5）液压电磁铁的线圈工作温度不得超过105℃；液压推动器在通电后的油位应适当。

6）电磁铁的吸合冲程不符合要求而导致制动器松不开制动

时，必须立即调整电磁铁的冲程。

（2）制动器的保养

1）制动器的各铰接点应根据工况定期进行润滑工作，至少每隔一周，应润滑一次，在高温环境下工作的每隔三天润滑一次，润滑时不得把润滑油沾到摩擦片或制动轮的摩擦面上。

2）及时清除制动摩擦片与制动轮之间的尘垢。

3）液压电磁推杆制动器的驱动装置中的油液每半年更换一次。如发现油内有机械杂质，应将该装置全部拆开，用汽油把零件洗净，再进行装配，密封圈装配前应先用清洁的油液浸润一下，以保证安装后的密封性能。但在清洗时，线圈不许用汽油清洗。

三、制动轮的维护

1）制动轮的摩擦表面出现深度在 0.5 mm 以上的环形沟槽时，会使制动轮与摩擦片的接触面积减小，导致制动力矩降低，应卸下制动轮进行磨削加工，再装配后可重新使用，不必再经淬火热处理。

2）制动轮的摩擦表面经修理加工后，比原来直径小 3～4 mm 时，应重新车削加工后经淬火热处理，恢复原来的表面硬度。最后经磨削加工后才能使用。

3）制动轮的制动表面不得沾染油污，当有油污时，应使用煤油清洗。

四、制动装置零件的维修和安全技术要求

1）制动器架各铰接点经磨损造成松旷，导致无效行程超过制动驱动装置工作行程的 10% 时，应对各铰接点进行修理。

2）各铰链处的销轴，其直径磨损超过原直径的 5% 或椭圆度超过 0.5 mm 时，均应更换销轴。更换时，应修整销轴孔，恢复圆度，然后根据孔径配制新的销轴。轴孔直径磨损超过原直径 5% 时，也应重新修整轴孔，配制新的销轴。

3）制动瓦块上摩擦片的磨损超过原厚度的 50%，或有缺损

和裂纹时，应报废更换新的摩擦片。更换时，铆钉埋入制动摩擦片的深度应超过原厚度的1/2。

4）制动装置的零件出现裂纹时应报废。

5）制动弹簧出现塑性变形时应更换。

6）起升机构和变幅机构的制动轮，当轮缘厚度磨损达原厚度的40%时，应报废。其他机构的制动轮，轮缘厚度磨损达原厚度的50%时，应报废。

7）制动轮的轴孔与传动轴连接的键出现松动时，应更换制动轮和传动轴。

8）制动轮凹凸不平度达1.5 mm时，允许修理。修复后轮缘厚度应符合上述第6条的要求时可继续使用，否则应报废。

第三章

钢 丝 绳

钢丝绳是一种具有强度高、弹性好、自重轻及挠性好的重要构件,被广泛用于机械、造船、采矿、冶金以及林业等多种行业。

钢丝绳由于挠性好,承载能力大,传动平稳无噪声,工作可靠,特别是钢丝绳中的钢丝断裂是逐渐产生的,在正常工作条件下,一般不会发生整根钢丝绳突然断裂。因此钢丝绳不仅成为起重机械的重要零部件,如用于起重机械起升机构、变幅机构、牵引机构中作为缠绕绳,用于桅杆起重机桅杆的张紧绳,用于缆索起重机与架空索道的支持绳等,而且还大量地用于起重运输作业中的吊装及捆绑绳。

虽然钢丝绳在正常工作条件下不会发生突然破断,但随着钢丝绳的磨损、疲劳等破坏的加剧,将会出现断绳事故的隐患,因此,作为一名起重机司机,不仅是要求只会操作,还应了解和掌握起重机的易损件——钢丝绳的基本结构性能特点、安全使用检查及维护保养等。

第一节 钢丝绳的结构与性能

一、钢丝绳的材质

钢丝绳的钢丝因要求要有很高的强度与韧性,通常采用含碳量为 $0.5\%\sim0.8\%$ 的优质碳素钢制作,而且含硫、磷量不应大于0.035%。为此，应选用GB 699—88《优质碳素结构钢技术条件》中的50、60和65号钢。

二、钢丝绳绳芯

在钢丝绳的绳股中央必有一绳芯，绳芯是钢丝绳的重要组成部分之一。

1. 绳芯的作用

（1）增加挠性与弹性

在钢丝绳中设置绳芯的主要目的是为了增强钢丝绳的挠性与弹性，通常情况下在钢丝绳的中心都应设置一绳芯，如果为了钢丝绳的挠性与弹性更好，还应在钢丝绳的每一绳股中再增加一股绳芯，此时的绳芯应选用纤维芯。

（2）便于润滑

在绕制钢丝绳时，将绳芯浸入一定量的防腐、防锈润滑脂，钢丝绳工作时润滑油将浸入各钢丝之间，起到润滑、减磨及防腐等作用。

（3）增加强度

为了增强钢丝绳的挤压能力，在钢丝绳中心设置一钢芯，以便提高钢丝绳的横向挤压能力。

2. 绳芯的种类

（1）纤维芯

纤维芯通常是用剑麻、棉纱等纤维制成，并用防腐、防锈润滑油浸透。纤维芯能促使钢丝绳具有良好的挠性和弹性，润滑油能使钢丝得到润滑、防锈、防腐、减磨作用，但纤维芯钢丝绳不适宜在高温环境中工作，又不适宜在承受横向压力情况下工作。它主要用于常温下的缠绕绳和捆绑绳。

（2）石棉纤维芯

石棉纤维芯是用石棉纤维制成，并用防腐、防锈润滑油浸透。石棉纤维芯绳与纤维芯绳具有同样的良好挠性和弹性，以及润滑性，同时又具有耐高温性，适用于高温、烘烤环境中的冶金起重机缠绕绳。

（3）金属芯

金属芯是用软钢钢丝或软钢绳股制成，由于金属芯强度大，抵抗横向挤压能力强，因而它适宜用于多层缠绕的起重设备，如卷扬机、汽车起重机的缠绕装置中；由于强度高，也适用于特重级高温环境下的冶金起重机使用。通常情况下，这种金属芯绳自身润滑性差，近来有采用螺旋金属管作为绳芯的，在管中储有润滑油用来润滑钢丝。金属芯钢丝绳挠性及弹性均不如纤维芯钢丝绳，除了用于多层缠绕、高温环境之外，多用于起重设备的张紧绳或支持绳。

三、钢丝绳钢丝

1. 钢丝制造

利用优质碳素钢钢锭经过多次热轧制成直径大约为 $\phi 6$ mm 的圆钢，通常称为盘钢或盘条，然后再经过多次冷拔加工使盘钢或盘条直径减小至所需要的 $\phi 0.5 \sim 2$ mm 细钢丝为钢丝绳钢丝。在拔丝过程中还要经过若干次热处理，在热处理及冷拔工艺过程中钢丝通过反复变形强化达到了很高的强度与韧性，通常强度可达到 $1\,200 \sim 2\,000$ N/mm^2。冷拔至需要尺寸的钢丝根据需要还要进行镀锌或镀铅等表面处理。

2. 钢丝重量分级

钢丝的重量是根据钢丝韧性的高低，即耐弯折次数的多少，分为三级：特级、Ⅰ级及Ⅱ级。特级能承受反复弯曲和扭转的次数较多，用于载人升降机和大型冶金浇铸起重机；Ⅰ级能承受反复弯曲和扭转的次数一般，用于普通起重设备；Ⅱ级用于起重运输作业中的吊装捆绑绳。

3. 钢丝表面处理

在正常使用条件下，钢丝为光面不做表面处理。当工作条件为潮湿等有腐蚀的环境时，为了防止钢丝的腐蚀损害，钢丝表面要进行镀锌处理，镀锌钢丝以甲、乙进行标记，"甲"用于严重腐蚀条件,"乙"用于一般腐蚀条件。如用于有耐酸要求的场合,钢丝表面应进行镀铅表面处理。

四、钢丝绳的绕制方法

绝大部分的钢丝绳首先由钢丝捻成股,然后再由若干股围绕着绳芯捻成绳,这类钢丝绳称为双绕绳,为起重机械大量采用。也有极少的钢丝绳为单股绳,又称为单绕绳,直接由钢丝分内外层按不同捻绕方向绕制而成,这种单绕绳具有封闭光滑的外表面、耐磨、雨水不易浸入内部,适用于缆索起重机与架空索道的支撑绳,由于挠性不好不宜作缠绕绳。

双绕绳按捻向绕制方法之不同有以下几种类型:

1. 交互捻钢丝绳

交互捻钢丝绳又称为交绕绳,交绕绳的绳与股的捻向相反如图3—1a所示,捻向分为左向螺旋和右向螺旋,如右捻绳即为由钢丝按左向螺旋捻制成股,再由股右向螺旋捻制成绳。这种绳由于绳与股的扭转趋势相反,互相抵消而没有扭转打结、松散的趋势,使用方便,为起重机大量采用。

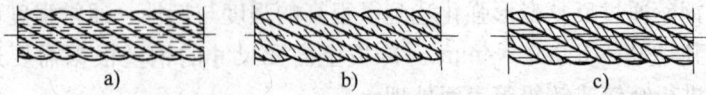

图 3—1 钢丝绳的卷绕
a)交互捻(交绕) b)同向捻(顺绕) c)混合捻

2. 同向捻钢丝绳

同向捻钢丝绳又称为顺绕绳,顺绕绳的绳与股捻向相同如图3—1b所示,其捻向也分为左、右捻,如右捻顺绕绳即为丝捻成股,股再捻成绳均为右向螺旋捻制而成。这种绳丝与丝之间接触较好,具有挠性好、使用寿命长的特点,但有扭转打结、易松散的趋向,只能用于张紧绳或牵引绳,不宜用于起升缠绕绳。

3. 混合捻钢丝绳

半数股为左捻半数股为右捻的绳,称为混合捻钢丝绳。如图

3—1c 所示,这种绳为多层股不旋转钢丝绳,各相邻层股的捻向相反。它具有交互捻和同向捻的共同优点,但制造工艺复杂,仅在起重量较小起升高度较大的如塔式起重机所用。

五、钢丝绳绳股形状与结构

1. 股的形状

1) 圆股钢丝绳,制造方便,常被采用。

2) 异形股钢丝绳,有三角股、椭圆股及扁股等异形股绳,如图 3—2 所示。这种绳虽然制造工艺复杂,但却是一种起升缠绕性能良好的理想钢丝绳。

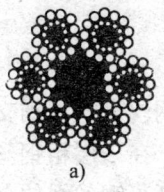 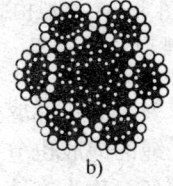 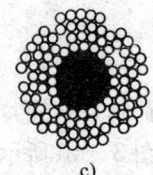

a) b) c)

图 3—2 异形股钢丝绳
a) 三角股钢丝绳 b) 椭圆股钢丝绳 c) 扁股钢丝绳

2. 股的构造

根据钢丝之间的接触状态的不同,股的结构也不同,可分为点接触、线接触和面接触。

(1) 点接触钢丝绳

点接触钢丝绳的股是由直径相同的钢丝捻制而成的,如图 3—3a 所示。这种钢丝绳的特点是钢丝之间为点接触,比压较大,钢丝易磨损折断,使用寿命短。但这种绳挠性好,制造简单成本低,曾为起重机械广泛应用过。

(2) 线接触钢丝绳

线接触钢丝绳的股是由直径不相同的钢丝捻制而成的,又称为复合结构钢丝绳如图 3—3b 所示。复合钢丝绳又分为外粗式绳、粗细式绳和填充式绳如图 3—4 所示。外粗式绳又称为西尔式绳,外层钢丝粗,内层钢丝细如图 3—4a 所示。粗细式绳又称

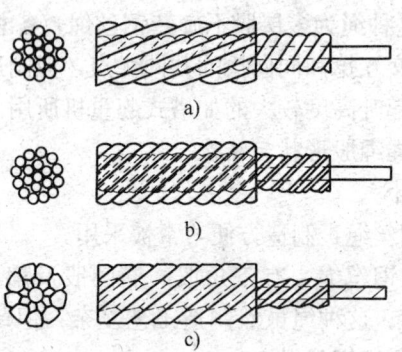

图 3—3 绳股构造
a）点接触绳 b）线接触绳 c）面接触绳

为瓦林吞式绳，绳股一般为二层，绳股中外层钢丝直径粗细交隔如图 3—4b 所示。填充式绳的绳股也分为二层，在二层粗钢丝之间的孔隙中充填一根细钢丝，称为充填丝，提高了钢丝绳的金属充满率，增强了破断拉力如图 3—4c 所示。总之，复合型钢丝绳通过直径不同的钢丝适当配置，使每层钢丝的捻距相同，钢丝间形成线接触。其优点是绳股断面排列紧密，相邻钢丝接触良好，当钢丝绳绕过滑轮或卷筒时在钢丝交叉地方不至于产生很大局部应力，有抵抗潮湿及防止有害物浸入钢丝绳内部的能力，它将会取代点接触的普通结构钢丝绳。

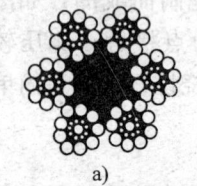 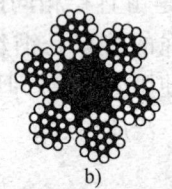 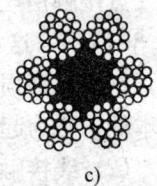
a) b) c)

图 3—4 线接触钢丝绳
a）外粗式钢丝绳 b）粗细式钢丝绳 c）填充式钢丝绳

（3）面接触钢丝绳

面接触钢丝绳是由特制的异型钢丝绳绕制成股,然后用挤压的方法制成面接触型绳,如图 3—3c 所示。

3. 股的数目

钢丝绳股的数目通常有 6 股、8 股和 18 股绳等,其外层股的数目越多,钢丝绳与滑轮槽或卷筒槽接触的情况越好,使用寿命越长。6 股绳是起重机常用绳,8 股绳多为电梯起升绳,18 股绳为不旋转绳,多用于起升倍率为 1/1 的单绳起升机构中,为某些港口装卸起重机或建筑塔式起重机所用。

六、钢丝绳的选用

1. 按用途选用钢丝绳

1) 普通起升、变幅缠绕绳应优先选用 6 股线接触交绕绳。

2) 起重机用张紧绳、牵引绳应选用顺绕绳。

3) 缆索起重机或架空索道用的支撑绳应选用单绕绳。

4) 在有腐蚀性的环境中工作时,应选用镀锌钢丝绳。

5) 需要有耐酸要求的场合,应选用镀铅钢丝绳。

6) 在高温环境中工作的起重机应选用具有特级韧性石棉芯钢丝绳或具有钢芯的钢丝绳。

7) 电梯起升绳应选用 8 股韧性为特级的钢丝绳。

8) 起升倍率为 1/1 的港口起重机或塔式起重机应选用 18 股不旋转钢丝绳。

9) 电动葫芦起升绳多选用点接触的每股 37 丝的钢丝绳。

10) 捆绑绳多选用韧性较低的 Ⅱ 级绳。

2. 按钢丝绳许用拉力选择钢丝绳

(1) 钢丝绳的破断力

钢丝绳做拉伸试验被拉断的拉力称为钢丝绳的破断力,钢丝绳破断力按式(3—1)计算。

$$F_p = \varphi F_0 \qquad (3—1)$$

式中 F_p——钢丝绳的破断力,N;

F_0——钢丝绳的钢丝破断拉力总和,N。可以从不同类型

规格钢丝绳的性能表中查得,还可以近似计算,$F_0 \approx 500 d^2$(d为钢丝绳直径,mm);

φ——折减系数,6×19 绳,$\varphi = 0.85$;6×37 绳,$\varphi = 0.82$;6×61 绳,$\varphi = 0.80$。

(2) 钢丝绳的安全系数与许用拉力

为了安全,钢丝绳的许用拉力应有一定的储备能力,储备能力的大小用安全系数表示,钢丝绳的许用拉力按式(3—2)计算。

$$[F] = \frac{F_p}{n} \quad (3—2)$$

式中 $[F]$——钢丝绳的许用拉力,N;

n——钢丝绳的安全系数。

起重机各机构用钢丝绳的安全系数 n 见表 3—1,其他钢丝绳安全系数见表 3—2。

表 3—1　　　　机构用钢丝绳安全系数

机构工作级别	$M_1 \sim M_3$	M_4	M_5	M_6	M_7	M_8
安全系数 n	4	4.5	5	6	7	8

表 3—2　　　　其他钢丝绳安全系数

其他绳	支撑动臂张紧绳	缆风绳张紧绳	吊装及捆绑绳	双绳抓斗起升、开闭绳	单绳马达抓斗起升绳	手扳葫芦牵引绳	手动绞车牵引绳
安全系数 n	4	3.5	6	6	5	4.5	4

(3) 钢丝绳的静载拉力

起升绳的静载拉力按式(3—3)计算;吊装绳的静载拉力如图 3—5 所示,按式(3—4)计算。

$$F_j = \frac{Q}{\eta a} \quad (3—3)$$

式中 F_j——钢丝绳的静载拉力,N;

Q——额定起重量及吊具重力之和，N；
η——起升机构的总效率，取 $\eta=0.80\sim0.90$；
a——起升机构的钢丝绳分支数。

$$F_j = \frac{G}{Z\cos\alpha} \quad (3-4)$$

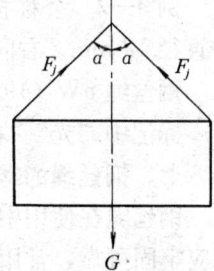

式中 F_j——吊装绳的静载拉力，N；
G——吊载重力，N；
Z——吊装绳的分支数。

（4）钢丝绳的选择

为了安全，所选择的钢丝绳许用拉力 $[F]$ 应不小于钢丝绳的静载拉力 F_j，按式（3—5）计算。

图3—5 吊装绳受力图

$$[F] \geqslant F_j \quad (3-5)$$

3. 钢丝绳的标记方法与示例

（1）钢丝绳的标记方法

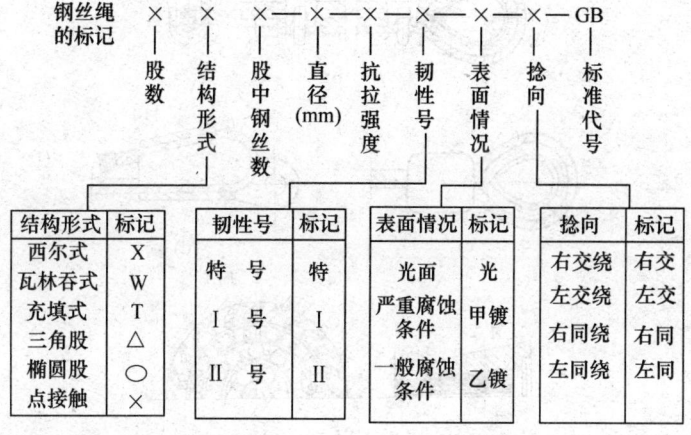

（2）钢丝绳标记示例

例3—1 结构形式为 6×37，公称抗拉强度为 $1\,700\text{ N/mm}^2$，Ⅰ号甲组镀锌钢丝制成的 15 mm 直径绳，右向同向捻、点接触钢丝绳标记为：

钢丝绳 6×37—15—170—Ⅰ—甲镀—右同—GB 1102。

例 3—2 公称抗拉强度 1 550 N/mm²，Ⅰ号光面钢丝制成的直径 12 mm、右向交互捻、不松散瓦林吞型钢丝绳标记为：

钢丝绳 6W（19）—12—155—Ⅰ—光—右交—GB 1102。

标记中"光""右""交"可以省略不标。

七、钢丝绳的绳端固定

钢丝绳在使用中需与其他承载构件连接传递载荷，绳端连接处应牢固可靠，常用的绳端固接方式如图 3—6 所示。

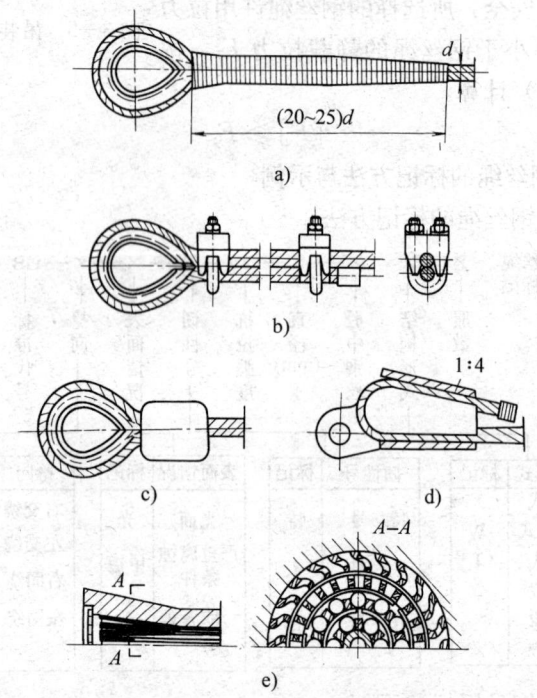

图 3—6 钢丝绳绳端的固定
a) 编结法 b) 绳卡固定法 c) 压套法 d) 斜楔固定法 e) 灌铅法

1. 编结法

如图 3—6a 所示，将钢丝绳绕于心形垫环上，尾端各股分别编插于承载各股之间，每股穿插 4～5 次，然后用细软钢丝扎紧，捆扎长度为钢丝绳直径的 20～25 倍，同时不应小于 300 mm。

2. 绳卡固定法

当绳径 $d \leqslant 16$ mm 时，可用三个绳卡；$16 \text{ mm} < d \leqslant 20 \text{ mm}$ 时，可用四个绳卡；$20 \text{ mm} < d \leqslant 26 \text{ mm}$ 时，可用五个绳卡；$d > 26$ mm 时，可用六个绳卡。绳卡的方位应按图 3—6b 所示，以免圆钢卡圈将钢丝绳工作支压伤，各绳卡间距约为 150 mm。

3. 压套法

如图 3—6c 所示，将绳端套入一个长圆形铝合金套管中，用压力机压紧即可，当绳径 $d = 10$ mm 时约需压力 550 kN；$d = 40$ mm 时压力约为 720 kN。

4. 斜楔固定法

如图 3—6d 所示，利用斜楔能自动夹紧的作用来固定绳端，这种方法装拆都很方便。

5. 灌铅法

如图 3—6e 所示，将绳端钢丝拆散洗净，穿入锥形套筒中，把钢丝末端弯成钩状，然后灌满熔铅。这种方法操作复杂，仅用于大直径钢丝绳，如缆索起重机的支撑绳。

第二节 钢丝绳的安全使用与维护

一、钢丝绳的安全使用

1) 新更换的钢丝绳应与原安装的钢丝绳同类型、同规格。如采用不同类型的钢丝绳，应保证新换钢丝绳性能不低于原钢丝绳，并能与卷筒和滑轮的槽形相符。钢丝绳捻向应与卷筒绳槽螺旋方向一致，单层卷绕时应设导绳器加以保护以防乱绳。

2) 新装或更换钢丝绳时，从卷轴或钢丝绳卷上抽出钢丝绳应注意防止钢丝绳打环、扭结、弯折或粘上杂物。

3) 新装或更换钢丝绳时，截取钢丝绳应在截取两端处用细钢丝扎结牢固，防止切断后绳股松散。

4) 运动的钢丝绳与机械某部位发生摩擦接触时，应在机械接触部位采取适当保护措施；捆绑绳与吊载棱角接触时，应在钢丝绳与吊载棱角之间采取加垫木或钢板等保护措施，以防钢丝因机械割伤而破断。

5) 起升钢丝绳不准斜吊，以防钢丝绳乱绳出现故障。

6) 严禁超载起吊，应安装超载限制器或力矩限制器加以保护。

7) 在使用中应尽量避免突然的冲击振动。

8) 应安装起升限位器，以防过卷拉断钢丝绳。

二、钢丝绳的安全检查

1. 安全检查周期

1) 日常观察。起重机司机有责任在每个工作日中，都要尽可能对钢丝绳任何可见部位进行观察，以便及时发现钢丝绳的损坏与变形，如有异常应及时通报主管部门进行处理。

2) 主管人员的定期安全检查对一般起重机械及吊装捆绑作业用的钢丝绳，每月至少进行一次安全检查。

3) 主管人员对建筑工地起重机械用的钢丝绳，每周至少进行一次安全检查。

4) 主管人员对吊运熔化或炽热金属、酸溶液、爆炸物、易燃物及有毒物品的起重机械用钢丝绳，每周至少应进行两次安全检查。

2. 安全检查部位

（1）一般部位检查

应注意检查钢丝绳运动和固定的始末端；应注意检查通过滑轮组或绕过滑轮组的绳段，特别是负载时绕过滑轮的钢丝绳之任何部位；应注意检查平衡滑轮的绳段；应注意检查与机械某部位可能引起磨损的绳段；应注意检查有锈蚀、腐蚀及疲劳部分的绳段。

(2) 绳端部位检查

绳端固定连接部位的安全可靠性对起重机械的安全是十分重要的，对绳端部位应做好如下安全检查：从固接端引出的那段钢丝绳应进行检查，因为这个部位发生疲劳断丝或腐蚀都是极其危险的；对固定装置的本身变形或磨损也应进行检查；对于采用压制或锻造绳箍的绳端固定装置应检查是否有裂纹及绳箍与钢丝绳之间是否有产生滑动的可能；检查绳端可拆卸的楔形接头、绳夹、压板等装置内部和绳端内的断丝及腐蚀情况，以确保绳端固定的紧固可靠性；检查编制环状插口式绳头尾部是否有突出的钢丝以防伤手。如果绳端固定装置附近或绳端固定装置内有明显断丝或腐蚀，可将钢丝绳截短再重新装到绳端固定装置上，且钢丝绳的长度应满足在卷筒上缠绕的最少圈数（一般为2圈）要求。

3. 安全检查内容

造成钢丝绳破坏的主要因素是钢丝绳工作时承受了反复的弯曲和拉伸而产生疲劳断丝；钢丝绳与卷筒和滑轮之间反复摩擦而产生的磨损破坏；钢丝绳绳股间及钢丝间的相互摩擦引起的钢丝磨损破坏；还有钢丝受到环境的污染腐蚀引起的破坏；钢丝绳遭到机械等破坏产生的外伤及变形等。为此，对钢丝绳的安全检查重点是疲劳断丝数、磨损量、腐蚀状态、外伤和变形程度以及各种异常与隐患。

三、钢丝绳的维护保养

钢丝绳的维护保养应根据起重机械的用途、工作环境和钢丝绳的种类而定。注意对钢丝绳的安全使用，注意日常观察和定期检查钢丝各部位异常与隐患，这本身就是对钢丝绳的最好维护。对钢丝绳的保养最有效的措施是适当地对工作的钢丝绳进行清洗和涂抹润滑油脂。

当工作的钢丝绳上出现锈迹或绳上凝集着大量的污物，为消除锈蚀和消除污物对钢丝绳的腐蚀破坏，应拆除钢丝绳进行清洗除污保养。

清洗后的钢丝绳应及时地涂抹润滑油或润滑脂,为了提高润滑油脂的浸透效果,往往将洗净的钢丝绳盘好再投入到加热至 $80\sim100°C$ 的润滑油脂中泡至饱和,这样,润滑脂便能充分地浸透到绳芯中。当钢丝绳重新工作时,油脂将从绳芯中不断渗溢到钢丝之间及绳股之间的空隙中,就可以大大改善钢丝之间及绳股之间的摩擦状况而降低了磨损破坏程度。同时钢丝绳由绳芯溢出的油脂又会降低和改善钢丝绳与滑轮之间、钢丝绳与卷筒之间的磨损状况。如果钢丝绳上污物不多,也可以直接在钢丝绳的重要部位,如经常与滑轮、卷筒接触部位的绳段及绳端固定部位绳段涂抹润滑油或润滑脂,以减小摩擦降低钢丝绳的磨损量。

对卷筒或滑轮的绳槽也应经常清理污物,如果卷筒或滑轮绳槽部分有破裂损伤造成钢丝绳加剧破坏时,应及时对卷筒、滑轮进行修整或更换。

当起升钢丝绳分支在四支以上时,空载时常见钢丝绳在空中打花扭转,此时应及时拆卸钢丝绳,让钢丝绳伸直在自由状态下放松消除扭结,然后再重新安装。

对于吊装捆绑绳,除了适当进行清洗浸油保养之外,主要的是要时刻注意加垫,保护钢丝绳不被重物棱角割伤割断,还要特别注意捆绑绳尽量避免与灰尘、砂土、煤粉矿碴、酸碱化合物接触,一旦接触应及时清除干净。

第三节 钢丝绳的报废标准

钢丝绳是易损件,起重机械总体设计不可能是各种零件都按等强度设计,例如电动葫芦的总体设计使用寿命为 10 年,而钢丝绳的使用寿命仅为总体设计使用寿命的 1/3 左右,就是说在电动葫芦报废之前允许更换二次钢丝绳。

钢丝绳使用的安全程度,即使用寿命或者称为报废的标准是由以下各因素判定，然而，钢丝绳的损坏往往不是孤立的，而是由各种因素综合积累造成的，应由主管人员判断并决定钢丝绳是报废还是继续使用。

造成钢丝绳损坏报废的因素按下列项目判定：断丝的性质和数量、绳端断丝、断丝的局部聚集、断丝的增加率、绳股断裂、由于绳芯损坏而引起的绳径减小、弹性减小、外部及内部磨损、外部及内部腐蚀、变形和由于热或电弧造成的损坏。

一、断丝的性质与数量

对于 6 股和 8 股的钢丝绳，断丝主要发生在外表；对于多层绳股的钢丝绳，断丝大多数发生在内部，是不可见的断裂。钢丝绳断丝原因是由多种因素综合积累造成的。各种典型类型的钢丝绳达到报废的断丝数见表 3—3。当吊运熔化或炽热金属、酸溶液、爆炸物、易燃物及有毒物品时，表 3—3 中报废断丝数应减少一半。

表 3—3　　　　　　　报废断丝数

外层绳股承载钢丝数 n	钢丝绳结构的典型例子 (GB 1102—74)	起重机械中钢丝绳必须报废时与疲劳有关的可见断丝数							
		机构工作级别 M_1 及 M_2				机构工作级别 M_3, M_4, M_5 M_6, M_7, M_8			
		交捻		顺捻		交捻		顺捻	
		长度范围				长度范围			
		6d	30d	6d	30d	6d	30d	6d	30d
<50	6×7、7×7	2	4	1	2	4	3	2	4
51～75	6×12	3	6	2	3	6	12	3	6
76～100	18×7(12 外股)	4	8	2	4	8	15	4	8
101～120	6×19、7×19、6X(19)、6W(19)、34×7(17 外股)	5	10	2	5	10	19	5	10

续表

外层绳股承载钢丝数 n	钢丝绳结构的典型例子(GB 1102—74)	起重机械中钢丝绳必须报废时与疲劳有关的可见断丝数							
		机构工作级别 M_1 及 M_2				机构工作级别 M_3, M_4, M_5 M_6, M_7, M_8			
		交捻		顺捻		交捻		顺捻	
		长度范围				长度范围			
		$6d$	$30d$	$6d$	$30d$	$6d$	$30d$	$6d$	$30d$
121~140		6	11	3	6	11	22	6	11
141~160	6×24、6X(24)、6W(24)、8×19、8X(19)、8W(19)	6	13	3	6	13	26	6	13
161~180	6×30	7	14	4	7	14	29	7	14
181~200	6X(31)、8T(25)	8	16	4	8	16	32	8	16
201~220	6W(35)、6W(36)、6XW(36)	8	18	4	9	18	38	9	18
221~240	6×37	17	19	5	10	19	38	10	19
241~260		10	21	5	10	21	42	10	21
261~280		11	22	6	11	22	45	11	22
281~300		12	24	6	12	24	48	12	24
>300	6×61	$0.04n$	$0.08n$	$0.02n$	$0.04n$	$0.08n$	$0.16n$	$0.04n$	$0.08n$

注：①d——钢丝绳直径。

②填充钢丝不能看作承载钢丝，因此要从检验数中扣除。多层股钢丝绳仅考虑可见的外层绳股。带钢芯的钢丝绳，其绳芯看作内部绳股而不予考虑。

二、绳端断丝

当绳端或其附近出现断丝时，即使断丝数量没有达到表3—3报废断丝数，甚至断丝数量很少，也表明该部位应力很大。这种情况可能是由于绳端安装不正确造成的，应查明损坏原因。如果绳长允许，应将断丝的部位切去重新安装固定。

三、断丝的局部聚集

如果断丝紧靠一起形成局部聚集，即局部集中，则钢丝绳应报废。如果这种断丝聚集在小于 6 倍绳径的绳长范围内，或者集中在任一支绳股中，那么，即使断丝数比表 3—3 规定的报废断丝数少，钢丝绳也应报废。

四、断丝数的增加率

在某些使用场合，疲劳是引起钢丝绳损坏的主要原因，断丝则是在使用一段时间以后才开始出现，但断丝数逐渐增加，其时间间隔越来越短。在这种情况下，为了判定钢丝的增加率，应仔细检验并记录断丝增加情况，判明这个规律可用来确定钢丝绳未来报废日期。

五、绳股断裂

如果出现整根绳股断裂，钢丝绳应报废。

六、由于绳芯损坏而引起的绳径减小

当钢丝绳的纤维芯损坏或钢芯（或多层结构中的内部绳股）断裂而造成绳径显著减小时，钢丝绳应报废。

微小的损坏，特别是当所有各绳股中应力处于良好平衡时，用通常的检验方法可能是不明显的。然而这种情况会引起钢丝绳的强度大大降低，所以，发现任何内部微小损坏的迹象时，均应对钢丝绳内部进行检验予以查明，一经证实损坏，则该钢丝绳就应报废。

七、弹性减小

在某些情况下（通常与工作环境有关），钢丝绳的弹性会显著减小，若继续使用则是不安全的。

钢丝绳的弹性减小是较难发觉的，如检验人员有任何怀疑，则应征询钢丝绳专门人员的意见，弹性减小通常伴随下述现象发生：绳径减小；钢丝绳捻距伸长；由于各部分相互压紧而钢丝之间和绳股之间缺少空隙；绳股凹处出现细微的褐色粉末；虽然未发现断丝，但钢丝绳明显的不易弯曲和直径减小比单纯是由于钢

丝磨损而引起的也要快得多。以上这些情况会导致在动载作用下突然断裂，故应立即报废。

八、外部及内部磨损

产生磨损分内部和外部两种磨损情况：

1. 内部磨损及压坑

这种情况是由于绳内各个绳股和钢丝之间的摩擦引起的，特别是当钢丝绳经受弯曲时更是如此。

2. 外部磨损

钢丝绳外层绳股的钢丝表面的磨损，是由于它在压力作用下与滑轮和卷筒的绳槽接触摩擦造成的。这种现象在吊载加速和减速运动时，钢丝绳与滑轮接触的部位特别明显，并表现为外部钢丝磨成平面状。

润滑不足，或不正确的润滑以及存在灰尘和砂粒都会加剧磨损。

磨损使钢丝绳的断面积减小因而强度降低，当外层钢丝磨损达到其直径的40%时，钢丝绳应报废。

当钢丝绳直径相对于公称直径减小7%或更多时，即使未发生断丝，该钢丝绳也应报废。

九、外部及内部腐蚀

腐蚀在海洋或工业污染的大气中特别容易发生，它不仅减少了钢丝绳的金属面积从而降低了破断强度，而且还将引起表面粗糙并从中开始发展裂纹以致加速疲劳，严重的腐蚀还会引起钢丝绳弹性的降低。

1. 外部腐蚀

外部钢丝的腐蚀可用肉眼观察，当表面出现深坑，钢丝相当松弛时应报废。

2. 内部腐蚀

内部腐蚀比经常伴随它出现的外部腐蚀较难发现，但下列现象可供识别：

1) 钢丝直径的变化。钢丝绳在绕过滑轮的弯曲部位直径通常变小,但对于静止段的钢丝绳则常由于外层绳股出现锈积而引起钢丝绳直径的增加。

2) 钢丝绳外层绳股间的空隙减小,还经常伴随出现外层绳股之间断丝。

如果有任何内部腐蚀的迹象,主管人员对钢丝绳进行内部检验,若确认有严重的内部腐蚀,则钢丝绳应立即报废。

十、变形

钢丝绳失去正常形状产生可见的畸形称为变形,这种变形部位可能引起变化,会导致钢丝绳内部应力分布不均匀。

钢丝绳的变形从外观上区分,主要可分为下述几种:

1. 波浪形

如图 3—7a 所示,波浪形的变形是钢丝绳的纵向轴线成螺旋线形状。这种变形不一定导致任何强度上的损失,但如变形严重即会产生跳动造成不规则的传动,时间长了会引起磨损及断丝。

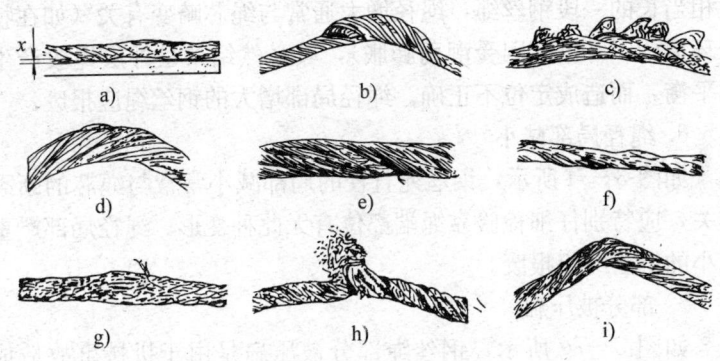

图 3—7 钢丝绳变形图
a)波浪形 b)笼形畸变 c)绳股挤出 d)钢丝挤出 e)直径局部增大绳芯外露
f)直径局部减少 g)部分被压扁 h)严重扭结 i)严重弯折

出现波浪形时,在钢丝绳长度不超过 25 倍绳径的范围内,

若 $d_1 \geqslant \dfrac{4d}{3}$,则钢丝绳应报废,式中的 d 为钢丝绳公称直径,d_1 为钢丝绳变形后包络的直径。

2. 笼形畸变

如图 3—7b 所示,这种变形出现在具有钢芯的钢丝绳上,当外层绳股发生脱节或者变得比内部绳股长的时候就会发生这种变形,出现笼形畸变的钢丝绳应立即报废。

3. 绳股挤出

如图 3—7c 所示,这种状况通常伴随笼形畸变一起发生,绳股被挤出说明钢丝绳不平衡,绳股挤出的钢丝绳应报废。

4. 钢丝挤出

如图 3—7d 所示,这种变形是一部分钢丝或钢丝束在钢丝绳背向滑轮槽的一侧拱起形成环状,这种变形常因冲击载荷引起,变形严重时钢丝绳应报废。

5. 绳径局部增大

如图 3—7e 所示,钢丝绳直径有可能发生局部增大,并能波及相当长的一段钢丝绳,绳径增大通常与绳芯畸变有关(如在特殊环境中,纤维芯因受潮而膨胀),其必然结果是外层绳股产生不平衡,而造成定位不正确。绳径局部增大的钢丝绳应报废。

6. 绳径局部减小

如图 3—7f 所示,钢丝绳直径的局部减小常常与绳芯的断裂有关,应特别仔细检验靠绳端部位有无此种变形。绳径局部严重减小的钢丝绳应报废。

7. 部分被压扁

如图 3—7g 所示,钢丝绳部分被压扁是由于机械事故造成的。严重时钢丝绳应报废。

8. 扭结

如图 3—7h 所示,扭结是由于钢丝绳成环状在不可能绕其轴线转动的情况下被拉紧而造成的一种变形,其结果是出现捻距不均而引起额外的磨损，严重时钢丝绳将产生扭曲，以致钢丝绳强度大大减小。严重扭结的钢丝绳应报废。

9. 弯折

如图 3—7i 所示，弯折是钢丝绳在外界影响下引起的角度变形，有这种变形的钢丝绳应报废。

十一、由于热或电弧的作用而引起的损坏

钢丝绳经受了特殊热力的作用，其外表出现可资识别的颜色时，该钢丝绳应报废。

第四章
起重机的安全防护装置

目前采用的安全防护装置主要有：各类限位器、起重量限制器、起重力矩限制器、防冲撞装置、缓冲器和防风装置等。

第一节 限 位 器

限位器是用来限制机构运行时通行范围的一种安全防护装置。限位器有两类，一类是保护起升机构安全运行的上升极限位置限制器和下降极限位置限制器，另一类是限制运行机构的运行极限位置限制器。

一、上升极限位置限制器和下降极限位置限制器

上升极限位置限制器是用于限制取物装置的起升高度。当吊具起升到上极限位置时，限位器能自动切断电源，使起升机构停止运行，防止吊钩继续上升，拉断钢丝绳而发生坠落事故。

下降极限位置限制器是用来限制取物装置下降至最低位置时，能自动切断电源，使机构停止运行，以保证钢丝绳在卷筒上的缠绕不少于2圈的安全圈数。

吊运炽热金属或易燃、易爆等危险品的起升机构应设置两套上升极限位置限制器，且两套限位开关应有先后，并尽量采用不同结构形式和控制不同的断路装置。

下降极限位置限制器可只设置在操作人员无法判断下降位置的起重机上和其他特殊要求的设备上，保证重物下降到极限位置

时，卷筒上保留必要的安全圈数。

上升极限位置限制器主要有重锤式与螺杆式两种。

1. 重锤式起升高度限位器

重锤式起升高度限位器由一个限位开关和重锤组成。常用的限位开关的型号有 LX4—31、LX4—32、LX10—31。其工作原理是：当重锤自由下垂时，限位开关处于接通电源的闭合状态，当取物装置起升到一定位置时，托起重锤，致使限位开关常开触头分断而切断总电源，机构停止运转，吊钩停止上升；如欲下降，控制手柄回零重新启动即可。

2. 螺旋式起升高度限位器

螺旋式起升高度限位器有螺杆传动和蜗杆传动两种形式，这类限位器的优点是自重小，便于调整和维修。

螺杆式起升高度限位器是由螺杆、滑块、十字联轴节、限位开关和壳体组成。当起升重物升到上极限位置时，滑块碰到限位开关，切断电路，控制了起升高度。当在螺杆两端都设置限位开关时，则可限制上升和下降的位置。

螺旋式起升限位器准确可靠，但应注意的是：每一次更换钢丝绳后，应重新调整限位器的停止位置，避免发生事故。

二、运行极限位置限制器

运行极限位置限制器由限位开关和安全尺式撞块组成。其工作原理是：当车体运行到极限位置后，安全尺触动限位开关的转动柄或触头，带动限位开关内的闭合触头分开而切断电源，机构停止工作，车体在允许制动距离内停车，避免硬性碰撞止挡装置时对运行的车体产生过度的冲击。

通常运行极限位置限制器采用的限位开关型号有 LX4—11，LX4—12，LX10—11，LX10—12 等。

桥式类型起重机的运行机构均应设置运行极限位置限制器。

第二节 缓冲器

当运行极限位置限制器或制动装置发生故障时,由于惯性的原因,运行到终点的起重机或主梁上的小车,将在运行终点与设置在该位置的止挡体相撞。设置缓冲器的目的就是吸收起重机或小车的运动动能,以减缓冲击。缓冲器设置在大车或小车与止挡体相碰撞的位置。在同一轨道上运行的起重机之间,以及同一起重机上双小车之间也应设置缓冲器。

缓冲器类型较多,常用的有弹簧缓冲器,橡胶缓冲器和液压缓冲器等几种。

一、弹簧缓冲器

弹簧缓冲器主要由碰头、弹簧和壳体等组成。其特点是结构比较简单,使用可靠、维修方便。当起重机撞到弹簧缓冲器时,其能量主要转变为弹簧的压缩能,因而具有较大的反弹力。

二、橡胶缓冲器

橡胶缓冲器的特点是:结构简单,但它所能吸收的能量较小,一般用于起重机运行速度不超过 50 m/min 的场合,主要起阻挡作用。

三、液压缓冲器

当起重机碰撞液压缓冲器后,推动撞头,活塞及弹簧移动。弹簧被压缩时,吸收了极小的一部分能量。而活塞移动时压缩了液压缸筒内的液体,受到压力的液体油,由液压缸筒流经顶杆与活塞的底部环形间隙进入储油腔,在此处把吸收的撞击能量转化为热能,起到了缓冲作用。在起重机反向运行后,缓冲器与止挡逐渐脱离,缓冲器液压缸筒的弹簧可使活塞回到原来的位置。此时储油腔中液体又流回液压缸筒。撞头也被弹簧顶回原位置。

液压缓冲器能吸收较大的撞击能量,其行程可做得短小,故而尺寸也较小。液压缓冲器最大的优点是没有反弹作用,故工作较平稳可靠。

　　缓冲器应经常检查其使用状态，弹簧缓冲器的壳体和联结焊缝不应有裂纹或开焊情况，缓冲器的撞头压缩后能灵活地复位，不应有卡阻现象。橡胶缓冲器使用中不能松脱，橡胶撞块不得有老化变质等缺陷。如有损坏应立即更换。液压缓冲器要注意密封不得泄漏，要经常检查油面位置，防止失效。添加油液时必须过滤，不允许有机械杂质混入，且加油时应缓慢进行，使油腔中的空气排出缓冲器，确保缓冲器正常工作。

　　起重机上的缓冲器与终端止挡体应能很好地配合工作，同一轨道上运行的两台起重机之间及同一台起重机的两台小车之间的缓冲器应等高，即两只缓冲器在相互碰撞时，两碰头能可靠地对中接触。

　　弹簧式缓冲器与橡胶式缓冲器已系列化，可根据机构运行的冲量选择适当型号的缓冲器。

　　缓冲器在碰撞之前，机构运行一般应切断运行极限位置限制器的限位开关，使机构在断电且制动的状况下发生碰撞，以减小对车体的冲撞和振动。

第三节　防碰撞装置

　　对于同层多台或多层设置的桥式类型起重机，容易发生碰撞。在作业情况复杂，运行速度较快时，单凭司机判断避免事故是很困难的。为了防止起重机在轨道上运行时碰撞邻近的起重机，运行速度超过 120 m/min 时，应在起重机上设置防碰撞装置。其工作原理是：当起重机运行到危险距离范围时，防碰撞装置便发出警报，进而切断电源，使起重机停止运行，避免起重机之间的相互碰撞。

　　防碰撞装置有多种类型，目前产品主要有：激光式、超声波式、红外线式和电磁波式等类型，均是利用光或电波传播反射的测距原理，在两台起重机相对运行到设定距离时，自动发出警报，并可以同时发出停车指令。

第四节 防偏斜和偏斜指示装置

大跨度的门式起重机和装卸桥的两边支腿，在运行过程中，由于种种原因会出现相对超前或滞后的现象，使起重机的主梁与前进方向发生偏斜，这种偏斜轻则造成大车车轮啃道，重则会导致桥架被扭坏，甚至发生倒塌事故。为了防止大跨度的门式起重机和装卸桥在运行过程中产生过大的偏斜，应设置偏斜限制器、偏斜指示器或偏斜调整装置等，来保证起重机支腿在运行中不出现超偏现象，即通过机械和电器的联锁装置，将超前或滞后的支腿调整到正常位置，以防止桥架被扭坏。

当桥架偏斜达到一定量时，应能向司机发出信号或自动进行调整，当超过许用偏斜量时，应能使起重机自行切断电源，使运行机构停止运行，保证桥架安全。

GB 6067—85《起重机械安全规程》中规定：跨度等于或大于 40 m 的门式起重机和装卸桥应设置偏斜调整和显示装置。大跨度的门式起重机和装卸桥，当两支腿因前进速度不同而发生偏斜时，能将偏斜状态及时向起重机的操作者显示出来，使偏斜状态能及时得到调整。

常见的防偏斜装置有以下几种：钢丝绳式防偏斜装置、凸轮式防偏斜装置、链轮式防偏斜装置和电动式偏斜指示及其自动调整装置等。

第五节 夹轨器和锚定装置

露天工作的轨道式起重机，必须安装可靠的防风夹轨器或锚定装置，以防止起重机被大风吹走或吹倒而造成严重事故。

GB 6067—85《起重机械安全规程》规定：露天工作的起重机应设置夹轨钳、锚定装置或铁鞋。对于在轨道上露天工作的起重机，其夹轨钳及锚定装置或铁鞋应能独立承受非工作状态下在最大风力时，不致被吹动。

一、手动式夹轨器

手动式夹轨器有两种形式：垂直螺杆式和水平螺杆式。手动式夹轨器结构简单、紧凑、操作维修方便，但由于受到螺杆夹紧力的限制，安全性能较差，仅适用于中、小型起重机上，且遇有大风袭击时，上钳往往不及时。

二、电动式夹轨器

电动式夹轨器有重锤式、弹簧式和自锁式等类型。

锲形重锤式电动夹轨器操作方便，工作可靠，易于实现自动上钳，但自重大，重锤与滚轮间易磨损。

重锤式自动防风夹轨器，能够在起重机工作状态下使钳口始终保持一定的张开度，并能在暴风突然袭击下起到安全防护作用。它具有一定的延时功能，在起重机制动完成后才起作用，这样可以避免由于突然的制动而造成的过大的惯性力。它比锲形重锤式夹轨器具有自重小，对中性好的优点，可以自动防风，安全可靠，应用广泛。

三、电动手动两用夹轨器

电动手动两用夹轨器主要用于电动工作，同时也可以通过转动手轮，使夹轨器上钳。当采用电动机驱动时，电动机带动减速锥齿轮，通过螺杆和螺母压缩弹簧产生夹紧力，使夹钳不松弛，电气联锁装置工作，终点开关断电，自动停止电动机运转。该夹轨器可以在运行机构停止后自动实现上钳。松钳时，电动机带动传动机构使螺母退到一定行程后，触动终点开关，运行机构方可通电运行。在螺杆上装有一手轮，当发生电气故障时，可以手动上钳和松钳。

四、锚定装置

锚定装置是将起重机与轨道基础固定，通常在轨道上每隔一段相应的距离设置一个。当大风袭击时，将起重机开到设有锚定装置的位置，用锚柱将起重机与锚定装置固定，起到保护起重机的作用。

锚定装置由于不能及时起到防风的作用，特别是在遇到暴风突然袭击时，很难及时地做到停车锚定，而必须将起重机开到运行轨道设置锚定的位置后，才可加以锚定。故使用不便，常作为自动防风夹轨器的辅助设施配合使用。通常，露天工作的起重机，当风速超过6级时必须采用锚定装置。

除以上几种夹轨器和锚定装置外，还有各种不同类型的防风装置。无论其形式如何，都必须满足以下几点要求：

1) 夹轨器的防爬作用一般应由其本身构件的重力（如重锤等）的自锁条件或弹簧的作用来实现，而不应只靠驱动装置的作用来实现防爬。

2) 起重机运行机构制动器的作用应比防风装置动作时间略微提前，即防风制动时间——夹轨器动作时间应滞后于运行机构的制动时间，这样才能消除起重机可能产生的剧烈颤动。

3) 防风装置应能保证起重机在非工作状态风力作用下而不被大风吹跑。在确定防风装置的防滑力时，应忽略制动器和车轮轮缘对钢轨侧面附加阻力的影响。

第六节 超载限制器

超载作业所产生的过大应力，可能使钢丝绳拉断，传动部件损坏，电动机烧毁，由于制动力矩相对不够，导致制动失效等。超载作业对起重机结构危害很大，既会造成起重机主梁的下挠，主梁的上盖板及腹板出现裂纹和脱焊，还会造成臂架和塔身折断的重大事故，由于超载破坏了起重机的稳定性，有可能造成整机倾覆的恶性事故。

额定起重量大于 20 t 的桥式起重机，大于 10 t 的门式起重机、装卸桥、铁路起重机及门座起重机，根据 GB 6067—85《起重机械安全规程》的规定均应设置超载限制器，额定起重量小于 25 t·m 的塔式起重机，升降机和电动葫芦等必要时亦应安装超载限制器。

对于超载限制器的技术要求主要有：各种超载限制器的综合误差不应大于 8%；当载荷达到额定起重量的 90% 时，应能发出提示性报警信号；起重机械设置超载限制器后，应根据其性能和精度情况进行调整或标定，当起重量超过额定起重量时，能自动切断起升动力源，并发出禁止性报警信号。

超载保护装置按其功能可分为：自动停止型、报警型和综合型几种。

自动停止型的超载限制器是当起升重量超过额定起重量时，能停止起重机向不安全方向继续动作，同时允许起重机向安全方向动作。安全方向是指吊物下降、收缩臂架、减小幅度及这些动作的组合。自动停止型一般为机械式超载限制器，它多用于塔式起重机上。其工作原理是通过杠杆、偏心轮、弹簧等反映载荷的变化，根据这些变化与限位开关配合达到保护作用。

警报型超载限制器能显示起重量，并当起升重量达到额定起重量的 95%～100% 时，能发出报警的声光信号。

综合型超载限制器能在起升重量达到额定起重量的 95%～100% 时，发生报警的声光信号；当起升重量超过额定起重量时，能停止起重机向不安全方向继续动作，并发出禁止性的声光信号，同时允许起重机向安全方向动作。

超载限制器按机构形式可分为机械类型、液压类型、电子类型等。

机械类型的超载限制器有杠杆式和弹簧式等。

如图 4—1 所示为电子超载限制器的方框图，它是电子类型载荷限制器。它可以根据事先调节好的起重量来报警，一般将它调节为额定起重量的 90%；自动切断电源的起重量调节为额定起重量的 110%。

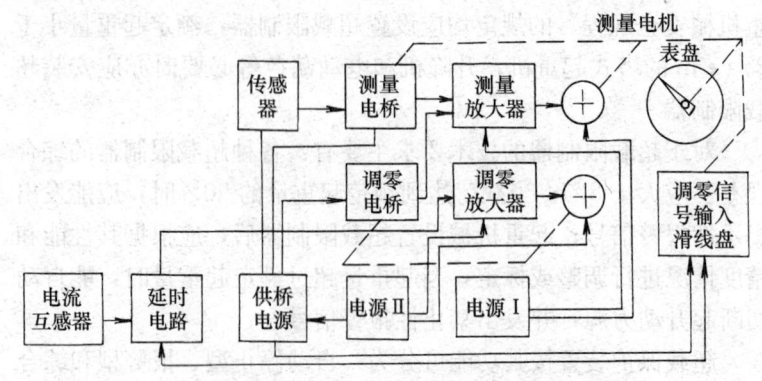

图 4—1 电子超载限制器框图

数字载荷控制仪通用性较好，精度高，结构紧凑，工作稳定。

数字载荷控制仪的重量检出部分通常是一套电阻式压力传感器，它的应变筒上贴有联结成电桥式的电阻应变片。当压力作用于应变筒时，电阻应变片也随着应变筒发生变形，应变片的电阻值也随着变化，电桥失去平衡，产生了与起重机成比例的电信号，电信号由放大器进行放大。放大后的信号，一路传输给模数转换器用来显示重量和输出打印信号；另一种传输给比较电路，与基准信号源传来的基准信号进行比较，当输入的放大信号超过基准信号源的信号时，比较器输出端将产生一个高电平，促使开关电路吸动继电器，使起重机控制回路断路而切断电路。

超载保护装置的自动停止型和综合型的产品在设计，安装和调试时应考虑起重机起升作用时动载荷影响。这是由于吊物在起升、制动及振动的情况下，速度的变化，会在实际载荷的基础上，产生一个瞬间变化的附加载荷，即所谓动载荷。根据经验，吊运额定载荷时，起升动载荷常达到110%～130%的额定载荷。动载荷是起重作业固有的动力现象，是起重机械作业的一个特点，因此超载保护装置必须根据这一特点进行设计，使产品既具备判断处理这种"虚假"载荷的能力，又能防止实际载荷超过规定值，不至于发生误动作。

超载限制器在使用中调整设定要考虑以下的因素：

1) 使用超载保护装置不应降低起重能力。设定点应调整到使起重机在正常工作条件下可吊运额定载荷。

2) 要考虑动作点偏离设定点相对误差的大小，在任何情况下，超载保护装置的动作点不大于1.1倍的额定载荷。

3) 自动停止型和综合型的超载保护器的设定点可整定在1.0～1.05倍的额定载荷之间，警报型可整定在0.95～1.0倍的额定载荷之间。

第七节　力矩限制器

臂架式起重机的工作幅度可以变化是它的工作特点之一，工作幅度是臂架式起重机的一个重要参数。变幅方式一般有动臂变幅和小车变幅两种形式。起重量与工作幅度的乘积称为起重力矩。当起重量不变，工作幅度越大时，起重力矩就越大。当起重力矩不变时，那么起重量与工作幅度成反比。当起重力矩大于允许的极限力矩时，会造成臂架折断，甚至会造成起重机倾覆。臂架式起重机在设计时，已为其起重量与工作幅度之间求出了一条力矩极限关系曲线，即起重机特性曲线。根据GB 6067—85《起重机械安全规程》规定：履带式起重机，起重量等于或大于16 t的汽车起重机和轮胎式起重机、起重能力等于或大于25 t·m的塔式起重机应设置力矩限制器，其他类型或起重能力较小的臂架式起重机在必要时也要设置力矩限制器。力矩限制器的综合误差不应大于10%；起重机械设置力矩限制器后，应根据其性能和精度情况进行调整或标定,当载荷力矩达到额定起重力矩时,能自动切断起升动力源,并发出禁止性报警信号。

常用的起重力矩限制器有机械式和电子式等。

如图4—2所示,是电子式起重力矩限制器的方框图。它一般由力矩检测器、臂角检测器、工况选择器和微型计算机等组成。其工作原理是:当长度、角度检测器测出的臂长、臂角值及工况信息经过数据采集电路进入计算机,计算出该工况的额定值,而力矩检测器测出的信号经过数据采集电路进入计算机,计算出实际值。将额定值与实际值进行比较,当实际值大于或等于额定值的90%时,发出预警告信号;当实际值达到额定值时,发出禁止性报警信号,并通过自动停止回路,自动停止起重机向危险方向运动,但允许起重机向安全方向运动。同时,起重臂的长度、角度、幅度、起重量等参数经软件程序中数字模型的计算,分别送到液晶显示器显示。

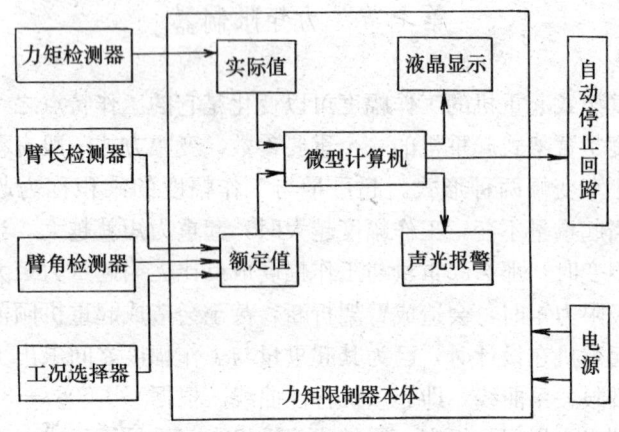

图4—2 电子力矩限制器框图

第八节 其他安全防护装置

一、幅度指示器

流动式、塔式和门座起重机应设置幅度指示器。

幅度指示器是用来指示起重机吊臂的倾角（幅度）以及在该倾角（幅度）下的额定起重量的装置。它有多种形式。一种是有电子力矩限制器的起重机，这种限制器可以随时正确显示幅度；另一种是采用一个重力摆针和刻度盘，盘上刻有相应倾角（幅度）和允许起吊的最大起重量。当起重臂改变角度时，重力摆针与吊壁的夹角发生变化，摆针则指向相应的起重量。操作人员可按照指针指示的起重量安全操作。

二、联锁保护装置

塔式起重机在动臂变幅机构与动臂支持停止器之间应设置联锁保护装置，使停止器在撤去支撑作用前，变幅机构不能开动。

由建筑物进入桥式及门式起重机的门和由司机室登上桥架的舱口门应设置联锁保护装置。当门打开时，起重机不能接通电源。

三、水平仪

起重量大于或等于 16 t 的流动式起重机，应设置水平仪。常用的水平仪多为气泡水平仪。主要由本体、带刻度的横向气泡玻璃管和纵向气泡玻璃管组成。当起重机处于水平位置时，气泡均处于玻璃管的中间位置，否则应调整垂直支腿的伸缩量。

水平仪具有检查支腿支撑的起重机的倾斜度的性能。

四、防止吊臂后倾装置

流动式起重机和动臂变幅的塔式起重机应设置防止吊臂后倾装置。它应保证当变幅机构的行程开关失灵时能阻止吊臂后倾。

五、极限力矩限制装置

具有可能自锁的旋转机构的塔式和门座起重机应设置极限力矩限制装置。这种装置应保证当旋转阻力矩大于设计规定的力矩时，能发生滑动而起保护作用。

六、风级风速报警器

臂架铰点高度大于 50 m 的塔式起重机及金属结构高度等于或大于 30 m 的门座起重机应设置风级风速报警器，它应能保证露天工作的起重机，当风力大于 6 级时能发出报警信号，并应有瞬时风速风级的显示能力。在沿海工作的起重机，当风力大于 7 级时能发出报警信号。

七、支腿回缩锁定装置

对于有支腿的起重机应设置支腿回缩锁定装置。这种装置应能保证工作时顺利打开支腿，非工作时支腿回缩后能可靠的锁定。

八、回转定位装置

流动式起重机应设置回转定位装置。这种装置应保证流动式起重机在整机行驶时，使上车保持在固定位置。

九、登机信号按钮

对于司机室设于运动部分的起重机，应在起重机上容易触及的安全位置安装登机信号按钮，对于司机室装在上部的塔式起重机，司机室设于运动部分的门座起重机及特大型桥式起重机必要时也应安装登机信号按钮。其作用是用于人员在登机时，按动按钮后，在司机室及明显部位显示信号，使司机注意到有人登机，防止意外事故。

十、防倾翻安全钩

单主梁桥式和门式起重机，在主梁一侧落钩的小车架上应设置防倾翻安全钩。在检修小车时，安全钩应保证小车不倾翻，保证维修工作安全。

十一、检修吊笼

供电主滑线位于司机室对面的桥式起重机,在靠近滑线的一端应设置检修吊笼。检修吊笼用于高空中导电滑线的检修,其可靠性不得低于司机室。

十二、扫轨板和支撑架

在轨道上运行的桥式起重机、门式起重机、装卸桥、塔式起重机和门座起重机的大车运行机构上均应设置扫轨板或支撑架。它是用来清除轨道上的障碍物,保证起重机安全运行。扫轨板距轨面不应大于 10 mm,支撑架距轨顶面不应大于 20 mm,二者合为一体时,距轨面不应大于 10 mm。

十三、轨道端部止挡体

起重机运行轨道的端部及起重机上小车运行轨道的端部应设置轨道端部止挡体。其强度应具有防止起重机脱轨的良好性能,而且止挡体应与设置在大车车体或小车车架上的缓冲器相互配合。

十四、导电滑线防护板

桥式起重机由裸滑线供电时,在以下部位应设置导电滑线防护板。

1) 司机室位于大车滑线端时,通向起重机的梯子和走台与滑线间应设防护板,以防止人员通过时发生触电事故。

2) 大车滑线端的端梁下应设置防护板,以防止吊具或钢丝绳与滑线的意外接触。

3) 多层布置的桥式起重机,下层起重机的滑线沿全长设置防护板。

其他使用滑线的起重机,对易发生触电的部位应设置防护装置。

十五、倒退报警装置

流动式起重机应设置倒退报警装置。当流动式起重机向倒退方向运行时,应发出清晰的报警信号和明灭相间的灯光信号。

十六、防护罩和防雨罩

起重机上外露的、有伤人可能的转动零件,如开式齿轮、联轴器、传动轴、链轮、链条、传动带、皮带轮等,均应装设防护罩。

露天工作的起重机,其电气设备应设置防雨罩。

第五章
葫芦式起重机安全技术

葫芦式起重机是指以电动葫芦为起升机构的起重机。如钢丝绳电动葫芦、电动单梁桥式起重机、电动单梁悬挂起重机、葫芦龙门起重机、葫芦双梁桥式起重机等。葫芦式起重机较同吨位、同跨度的其他起重机，结构简单，自重量轻，造价低。

第一节 葫芦式起重机的结构和性能

一、电动葫芦的结构与性能

电动葫芦是由两个机构和一个系统组成。两个机构是起升机构和运行机构，一个系统是电气控制系统。起升机构又称葫芦本体，是由四个装置组成：驱动装置——电动机；传动装置——减速器；制动装置——制动器和取物缠绕装置——吊钩滑轮组、卷筒、钢丝绳等。运行机构又称运行小车，由以下四种装置组成：驱动装置——电动机；传动装置——减速器；制动装置——制动器和车轮装置——车轮。电气控制系统包括电源引入器、控制电动机正反转的磁力启动器、起升限位开关和手动按钮开关等。标准型电动葫芦的基本结构如图5—1所示。

国产电动葫芦共有三代产品，有20世纪50年代仿苏TV型电动葫芦，60年代自行设计的CD、MD型电动葫芦和80年代引进德国技术生产的AS型电动葫芦。以上三代电动葫芦的基本性能参数如表5—1。

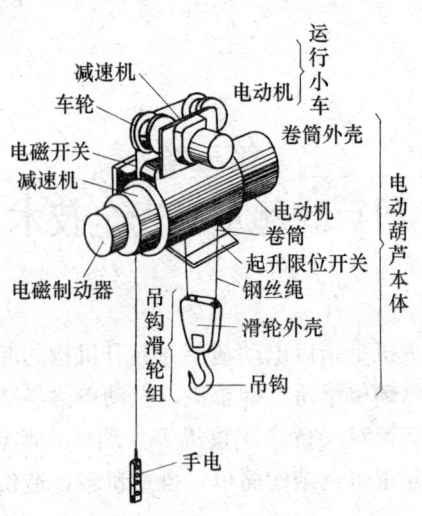

图 5—1 电动葫芦结构

表 5—1　　　　电动葫芦的基本参数

型号	起重量 (t)	起升高度 (m)	起升速度 (m/min)	运行速度 (m/min)	工作制度或工作级别
TV	0.5~10	6~40	4~8	20~30	JC=25%
CD MD	0.1~10	6~30	8；8/0.8	20~60	JC=25%
AS	0.32~63	3~120	1.5~24 1.5/0.25~24/4	8~25 16/4~40/10	1 Am ED=40%

二、电动单梁桥式起重机的结构与性能

1. 电动单梁桥式起重机的基本形式

（1）按操纵形式分

1）地面操纵。操作人员于地面控制手电门按钮，进行起升、下降、横向运行和纵向运行动作。起重机运行速度≤45 m/min。运行电动机为鼠笼式电动机。

2）司机室操纵。操作人员于司机室内控制按钮或控制器，进行起升、下降、横向运行和纵向运行动作。起重机运行速度 >45 m/min 为佳。运行电动机为绕线电动机或双速鼠笼式电动机。司机室按开门方向又分侧开门司机室（适于单跨车间）和端面开门司机室（适于双跨车间）。司机室还有开式司机室和闭式司机室之分。

3）跟随式手电门操纵。操作人员于地面，操作时随吊载移动而移动，这种形式不安全。

4）滑道式手电门操纵。手电门通过扁电缆可以在滑道中横向自由移动，操作人员于地面可以不随吊载横向移动，较为安全。

5）遥控操纵。操作者在一特定场所，一边监视起重机动作一边操纵按钮开关或操纵台进行操作控制。

（2）按起重机结构形式分

1）按主梁结构形式分有工字钢主梁，组合型主梁（圆管加工字钢，箱形加工字钢等）和箱形单主梁型。

2）按端梁结构形式分有型钢组合式端梁和箱形端梁。

3）按主、端梁连接结构分有焊接连接和螺栓加减载凸缘，螺栓加减载销轴和高强度螺栓连接之分。

4）按运行机构分有集中驱动与分别驱动之分，分别驱动的典型形式是"三合一"运行机构。

5）按电动葫芦的结构分有普通型和低建筑高度型。

6）按电源引入形式分有软缆引入方式、滑接线引入方式和内藏安全保护滑触线方式。

2. 电动单梁桥式起重机的结构与性能

电动单梁桥式起重机主要由三部分组成：桥架、电动葫芦和电气系统。

桥架用来支撑和移动载荷用，由金属结构和运行机构组成。金属结构包括主梁、端梁及主、端梁连接三部分。运行机构由驱动装置（电动机）、传动装置（减速器）、制动装置（制动器）和车轮装置四部分组成。电动葫芦负责升降和横向移动载荷。电气系统由主回路和控制回路组成。

国产电动单梁桥式起重机有以下三代产品,第一代产品为 20 世纪 50 年代仿苏 A571 型电动单梁起重机,与 TV 型电动葫芦配套使用。第二代产品为 70 年代自行设计的 LD 型电动单梁起重机,与 CD、MD 型电动葫芦配套使用。第三代产品为引进的 80 年代 AS 型电动葫芦配套使用,自行设计开发的 LDT 型电动单梁起重机。以三代电动单梁起重机的结构特征及主要性能参数叙述如下:

(1) A571 型电动单梁起重机

桥架由桁架式金属结构和集中驱动式运行机构组成。主梁是由型钢组成的桁构梁,结构形式简单适用,但建筑高度大。主桁架用来保证垂直刚度,水平桁架用来保证起重机的水平刚性,副桁架用来保证传动轴的刚性。端梁由型钢组焊而成。运行机构为集中驱动形式,传动效率低,当有歪斜跑偏时,易造成啃道磨损加剧,甚至会出现爬轨掉道故障。主、端梁之间的连接采用焊接连接形式。配套使用的电动葫芦只适宜选用 TV 型电动葫芦。当选用其他形式电动葫芦时应注意电动葫芦的轮压大小,以防因轮压大造成工字钢主梁工字钢轨道下翼缘下塌事故。电气控制系统为 380 V 电压,很不安全。

(2) LD 型电动单梁起重机结构(见图 5—2)

主梁由冷弯压制的∩形槽钢与工字钢组焊成实腹梁,当起重量为 5 t 时,工字钢为特制加厚异型工字钢,这种形式的主梁结构简单,工艺性好。端梁为箱形结构,主、端梁之间采用螺栓加减载凸缘连接结构,拆装方便,便于运输储存,这种连接形式螺栓只承受拉力,剪切力由减载凸缘承担。运行机构为分别驱动形式,尽管启、制动时难以保证绝对同步,但起重机两端车轮启、制动有少量超前滞后现象是允许的。分别驱动的优点是能减轻因车轮歪斜跑偏造成的啃道磨损等故障,不易出现车轮爬轨掉道故

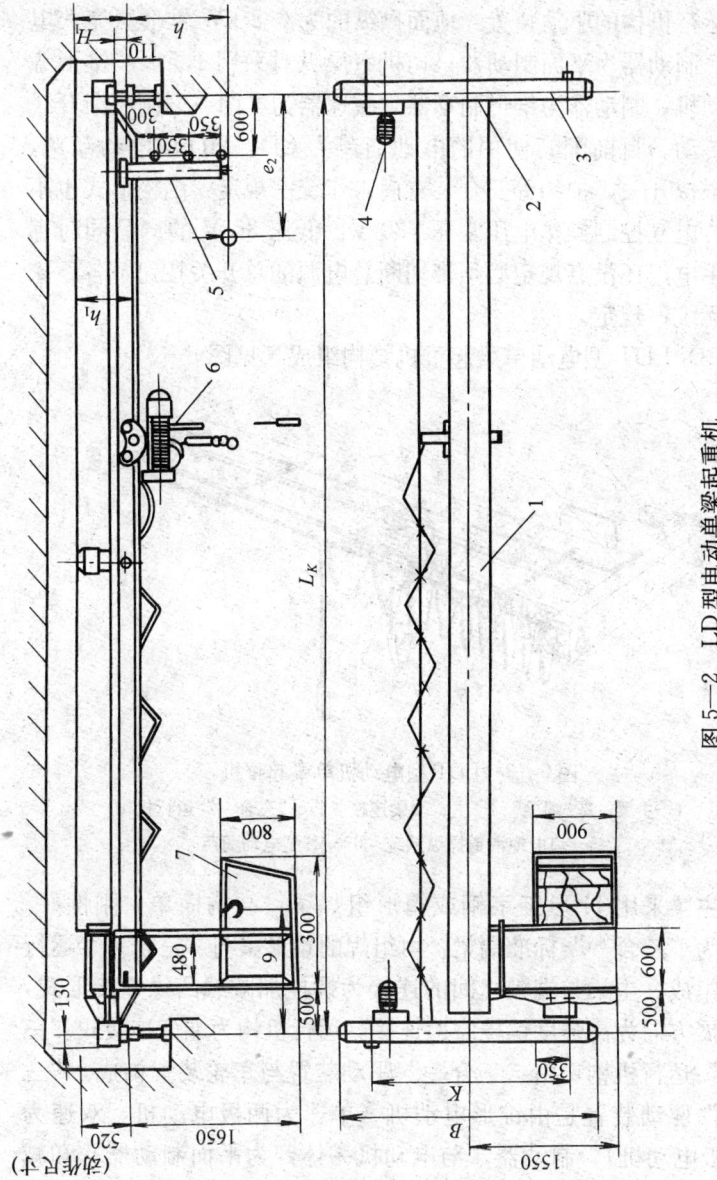

图 5—2 LD 型电动单梁起重机

1—主梁 2—主、端梁连接 3—端梁 4—运行机构 5—电气 6—CD 型电动葫芦 7—司机室

障。运行机构的驱动装置,地面操纵的为 0.8 kW 锥形鼠笼式电动机。制动器为平面制动器;司机室操纵时采用 1.5 kW 锥形绕线电动机,制动器为锥形制动器。减速器为二闭一开圆柱渐开线齿轮传动。目前配套使用的电动葫芦为 CD、MD 型电动葫芦,起升限位开关、护钩等安全装置尚未作统一规定,结构形式也不统一,电气控制操作电压常压 380 V,低压 36 V 的产品同时存在,手电门还没有规定必须带切断总电源的总开关按钮,各厂家产品无统一规定。

(3) LDT 型电动单梁起重机结构组成(见图 5—3)

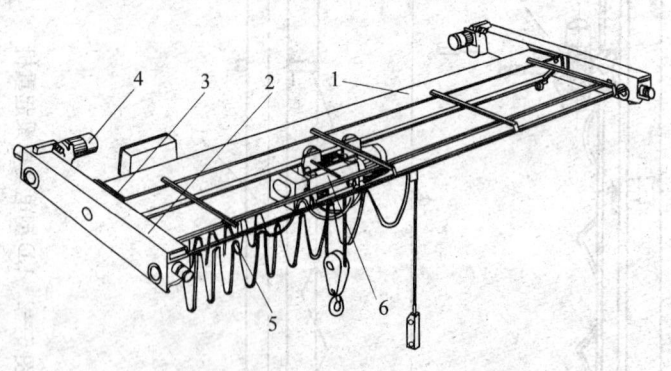

图 5—3 LDT 型电动机单梁起重机
1—主梁 2—端梁 3—主、端梁连接 4—"三合一"运行机构
5—扁电缆滑道操纵系统 6—AS 型电动葫芦

主梁采用 H 形工字钢或箱形组焊梁,结构简单,刚性好。端梁为"三合一"标准端梁,由组焊的箱形梁与"三合一"运行机构组成。主梁与端梁之间的连接为螺栓加减载凸缘连接形式,其发展方向为高强度螺栓摩擦连接。运行机构为端齿连接式"三合一"运行机构,由"三合一"驱动装置与车轮装置构成。"三合一"驱动装置是由锥形电动机(单速为两极电动机,双速为 2/8 极电动机)、制动器(与电动机一体,为平面制动器)和减速器(三级全封闭齿轮箱)三者合为一体为不可拆分的整体。通

过端齿结构形式加螺栓与车轮装置相连接,车轮为球墨铸铁车轮,车轮与车轮轴之间采用了先进的无键锥套式连接形式。配用的电动葫芦为引进德国 STAHL 公司 20 世纪 80 年代的先进技术,AS 型电动葫芦,具有一系列的安全装置:电动机热保护装置、上下双向断火保护装置、起重量数字显示装置、起重量限制报警装置等等。操纵控制系统采用了低压操纵,安全可靠,同时又采用了扁电缆滑道式手电门控制,操作人员可不随吊载横向移动,对操作人员的人身安全更有保障。

电动单梁起重机的主要参数列于表 5—2。

表 5—2　　　　　　　单梁起重机的主要参数

型号	起重量 (t)	跨度 (m)	运行速度 (m/min)	工作制度或 工作级别
A571	1~5	5~17	20~75	JC=25%
LD	1~5	7.5~22.5	20~75	JC=25%
LDT	1~5	7.5~22.5	单速 8~75 双速 16/4~40/10	A3~A6

第二节　葫芦式起重机安全防护装置

葫芦式起重机的安全运行,很大程度决定于起重机的安全防护装置。按国家标准 GB 6067—85《起重机械安全规程》的规定,各类起重机均必须具备相应的安全装置,且必须灵敏可靠。由此不难看出安全装置的重要性。这里着重介绍葫芦式起重机的安全装置,其中包括制动器、轨道端部止挡、缓冲器、限位器以及报警装置和载荷限制器。

一、安全制动装置

葫芦式起重机其起升机构一般为钢丝绳式电动葫芦。电动葫芦的升、降制动器(载荷制动器)是依靠摩擦在电动机停止工作时将载荷悬吊在任意位置的重要装置。

目前我国生产的电动葫芦其载荷制动器主要有：盘式制动器、锥形制动器和钳式制动器。钳式制动器一般只有特种电动葫芦采用。

1. 盘式制动器（如图5—4所示）

TV型电动葫芦是采用盘式制动器，这种制动器依靠电磁控制，制动器装在穿过卷筒及减速器的快速轴上，当制动器的电磁线圈电流中断时，制动片借助弹簧的伸张力进行制动；当起升电动机运转时，同时接通制动器电磁线圈的电流，靠电磁铁的吸引力将弹簧压缩，使制动片松脱。制动器的弹簧是可以用调整螺丝进行调整的，以保证制动片之间有足够的适当制动力，这样就可随时调整，以保证制动性能经常处于良好状态。

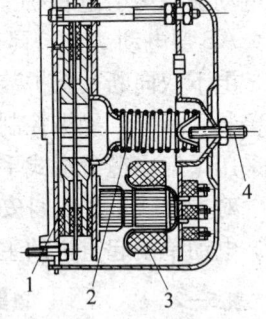

图5—4 盘式制动器
1—制动片 2—压缩弹簧
3—电磁铁 4—调整螺钉

2. 锥形制动器

锥形制动器实际上是锥形电动机与锥形制动器二者融为一体的机构，一般称为锥形转子制动电动机或锥形制动电动机。它在电动葫芦上既起驱动作用又有制动的功能。其制动原理如图5—5所示。当电动机接通电源时，电动机定子与转子之间产生电磁力 F，电磁力垂直于定转子表面，由于定转子为圆锥形表面，所以 F 力相对于圆锥面可分解为径向分力 $F\cos\alpha$，和轴向分力 $F\sin\alpha$；转子与定子之间气隙均匀且磁力对称，径向分力 $F\cos\alpha$ 相互抵消。

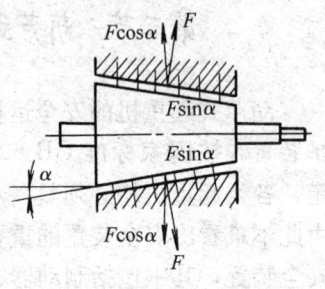

图5—5 制动原理

从图5—6可以看出：在轴向力 $F\sin\alpha$ 的作用下，电动机轴

6、轴端螺钉1、螺母2及风扇制动轮3一起向右移动，同时压缩弹簧7，此时制动摩擦片4与后端盖5的摩擦面脱离。当电动机断开电源时，磁力 F 消失，轴向力 $F\sin\alpha$ 也消失，弹簧7伸张，使电动机轴6向左移动，同时制动摩擦片4与后端盖5的摩擦面紧密接触，达到制动的要求。

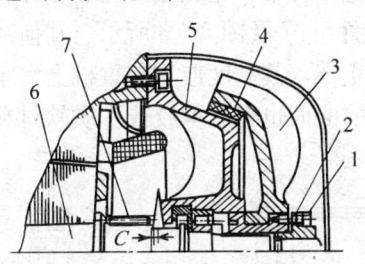

图5—6 锥形制动电动机
1—螺钉 2—螺母 3—风扇制动轮 4—制动摩擦片
5—后端盖 6—电动机轴 7—压缩弹簧

电动葫芦的载荷制动器当在额定载荷下制动时，载荷下滑距离超过1/100额定起升速度时，制动器应进行检查和调整。调整时，先将轴端螺钉1拆下，再旋转锁紧螺母2，调整后要试车观察电动机轴的窜动量，一般窜动量 C 以1.5 mm为宜。当反复调整载荷下滑距离仍达不到要求时，应检查制动摩擦片是否已达到报废标准。当制动摩擦片磨损至原厚度的50%或磨损量超过了电动机轴允许的最大调整量时，即应更换摩擦制动片4。

葫芦式起重机运行机构的制动器及电动葫芦的运行小车，一般也都采用锥形制动电动机，其制动原理，使用调整均与载荷制动器相同，只是摩擦制动片有时采用平面制动片，而不采用锥形制动片。

二、轨道端部止挡及缓冲器

轨道端部止挡是为防止起重机从轨道两端出轨而设置的安全装置。对轨道端部止挡要求安装牢固，具有防止起重机脱轨的良好性能。

电动葫芦的运行轨道为工字钢，工字钢轨道两端也应设端部止挡，其位置与高度应与电动葫芦的运行小车相适应，一般电动葫芦小车上不装设缓冲器，而是运行小车轮直接与轨道端部止挡相碰，因此端部止挡与小车轮相碰面应装有橡胶或木质软材料的缓冲器。形式如图5—7及图5—8所示。其他葫芦式起重机的大车运行轨道端部止挡，其高度应与起重机上大车缓冲器的高度相适应。端部止挡的前面也宜装橡胶或木质软材料的缓冲器。

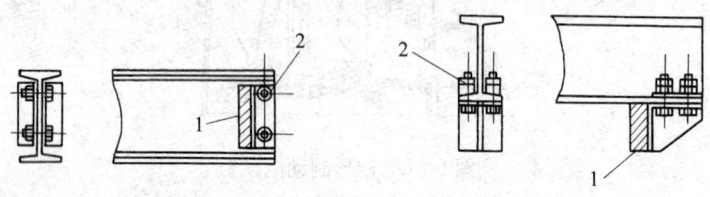

图5—7 轨道端部止挡　　　　图5—8 轨道端部止挡
　1—缓冲器　2—螺栓　　　　　1—缓冲器　2—螺栓

起重机上的缓冲器用来吸收起重机与轨道端部止挡或同一跨度同轨起重机相碰撞时所产生的能量。葫芦式起重机常用的有橡胶缓冲器（见图5—9）和弹簧缓冲器（见图5—10）。液压缓冲器葫芦式起重机很少应用，一般用于大吨位、高运行速度的桥式起重机上。

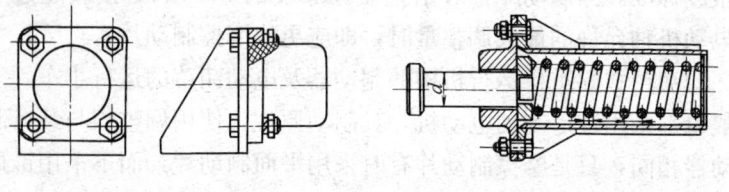

图5—9 橡胶缓冲器　　　　图5—10 弹簧缓冲器

橡胶缓冲器适用于运行速度不大的起重机上（一般不超过80 m/min）。要注意的是：橡胶缓冲器不能有松动和橡胶老化变质，否则应修复更换。

弹簧缓冲器使用中应注意检查壳体和连接焊缝不应有裂纹和开焊。缓冲器碰头压缩后应能灵活地回复原位，不应有卡阻现象。必要时可在弹簧外圈上涂抹润滑脂。弹簧不得有永久变形或裂纹，发现问题应及时维修或更换。

三、极限位置限制器

极限位置限制器俗称限位器。葫芦式起重机的各机构一般均应设置各机构相应的极限位置限制器。

上升极限位置限制器是保证当吊具起升到上极限位置时，自动切断起升电动机电源的安全装置。它必须保证起升机构当吊具达到上极限位置时，立即停止起升动作，而后只能向相反方向运转。上升极限位置限制器是起升机构上很重要的安全装置，它若失灵将会导致切断钢丝绳，吊具和载荷坠落造成人员伤亡或毁坏起升机构的严重事故。

上升极限位置限制器与起重机的安全运行关系重大，所以月检、年检以及日常检查必须认真检查该机构。检查时以空载状态起升吊具至上极限位置，电动葫芦能自动停止起升动作即为良好状态。平时使用中绝对不能用上升极限位置限制器作为停车开关使用。

下降极限位置限制器：在吊具可能低于下极限位置的工作条件下，葫芦式起重机应有下极限位置限制器，应保证吊具下降至下极限位置时，能自动切断升降电动机电源，以保证钢丝绳在卷筒上的缠绕不少于规定的安全圈数（一般为2圈）。在使用中同样不能以它做停车开关使用。

运行极限位置限制器：运行极限位置限制器是由行程限位开关与安全尺组成。行程限位开关安装在起重机上（大车行程开关一般装在端梁上），安全尺应牢固地装在承轨梁或墙壁上且不妨碍起重机运行。当起重机运行到离轨道端部止挡一定距离时，如果由于某种原因没有断电制动，则起重机上的行程开关触头碰上安全尺，起重机自行断电制动。运行极限位置限制器也是保证起重机安全运行的重要装置，不可自行拆除，必须经常保持其动作灵敏可靠。当葫芦式起重机运行速度不大于 20 m/min 时，又是地面手电门操纵的形式，允许不安装运行极限位置限制器，因运行速度低，运动惯性小。

安全尺一般用等边或不等边角钢制成，它的端部作成斜面（见图 5—11）。安装时斜面到轨道端部止挡的最小距离 S_{min} 应满足缓冲器与轨道端部止挡碰撞时的末速度不大于起重机运行速度的 40%。

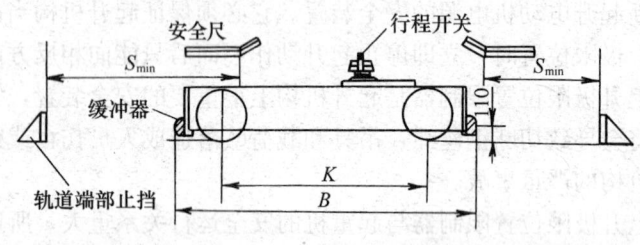

图 5—11　安全尺安装

四、安全报警装置与载荷限制器

葫芦式起重机一般是地面操纵的，操作者本身也是司索人员，因此葫芦式起重机装设报警装置是较少见的，但司机室操纵的以及在远离起重机的地方遥控或无线电操纵的起重机和在环境噪声很大的场合使用的起重机，装设报警装置是必要的。除此之外，在沿海地区露天使用的葫芦式起重机还须考虑风级风速报警装置，当风力大于 6 级时能自动发出警报信号。当起重机在重要场合使用时，为防止超载也有必要装设超载报警装置。报警装置可采用蜂鸣器、电铃、指示灯等形式，无论采用哪种形式，凡手动控制的报警器的按钮开关应装设在操作方便的位置，以便操作者根据需要在任意位置发出警报。

使用在重要场合的葫芦式起重机，仅装有超载报警装置是不够的,还必须装设超载限制器。当载荷达到额定起重量的90%时,报警装置应发出提示性报警信号。当载荷超过额定起重量时,超载限制器应能自动切断起升电源,并发出禁止性报警信号,起到防止超载造成起重机零部件损坏和造成人身伤亡事故。

目前使用的超载限制器按构造、原理大致可分为机械式(弹簧压杆式、杠杆式、摩擦片式);测力传感式;电流检测式;载荷计量式。各种形式有各自不同的特点。

机械式超载限制器由于结构复杂,易磨损、维护困难等缺点很少被采用。目前推广使用的是测力传感式超载限制器。这种超载限制器是将传感器和电气控制器设计成整体形式。其结构紧凑,体积小,不影响电动葫芦的原起升高度和外形尺寸,不改变电动葫芦的任何结构便可安装,适用性强,是目前各类葫芦式起重机较为理想的超载限制器。这种超载限制器安装方法也十分简便(见图5—12a、b)。a图所示为用于2/1;4/1滑轮倍率的电动葫芦的安装方法。将超载限制器上端的U形挂板插入电动葫芦外壳上的耳子内,用轴与超载限制器连接,或用销轴直接固定在电动葫芦的外壳上(方形外壳)。钢丝绳头装入超载限制器的

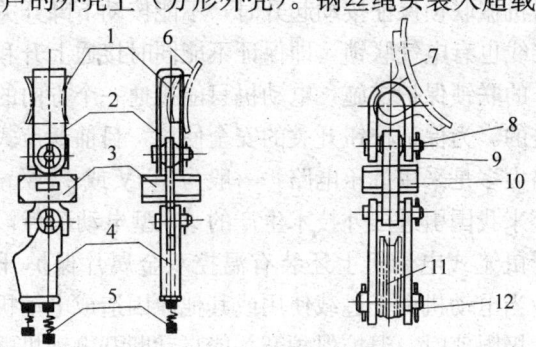

图5—12 安装方法外形图
a) 用于2/1、4/1滑轮倍率的电动葫芦　b) 用于4/2、8/2滑轮倍率的电动葫芦
1—耳子　2—U形挂板　3、10—超载限制器　4—楔套　5、12—钢丝绳
6、7—卷筒外壳　8—螺母　9—开口销　11—平衡滑轮

下端楔套中，安装即完成。b 图所示为用于 4/2；8/2 滑轮倍率的电动葫芦的安装方法。将超载限制器上端的 U 形挂板与电动葫芦外壳上固定销轴连接，下端与平衡滑轮相接即可。

第三节 葫芦式起重机电气安全

一、电动机安全保护措施

葫芦式起重机的起升电动机和电动葫芦运行电动机是采用带法兰盘的鼠笼式全封闭电动机，其大车（起重机）运行电动机多数也是采用鼠笼式电动机，只有运行速度高于 45 m/min 的情况下，才选用绕线式电动机。为了得到较小的启动电流和较平稳的启动力矩，绕线式电动机可在转子电路中串接电阻启动。一般来讲，容量在 180 kVA 以上电源，葫芦式起重机使用的 7.5 kW 以下的鼠笼式电动机是可以直接启动的。通过按动按钮开关（手电门），使接触器的触点接通或切断电动机的电源。其主回路与控制回路电气元件少，线路简单，使用维护也简单。操纵按钮开关是依靠机械联锁保证按动起升时，不能按动下降开关，而控制回路的接线也有电气联锁，即保证不能同时接通上升和下降。由于有这样的联锁保护措施，电动机只能接通一个方向的旋转，从而是安全的。为保证按钮开关的安全使用，目前葫芦式起重机的控制回路大多是采用低压电路，一般为 36 V 或 42 V。

近年来我国引进国外技术生产的 AS 型电动葫芦，其起升用锥形转子鼠笼式电动机上还装有温控双金属片保护开关（见图 5—13）。当电动机由于过载使用或其他原因造成电动机温升达到允许最大极限值时，温控保护开关能自动断开电动机电源停止工作。当电动机温度下降到可以工作的条件时，温控保护开关又自动将电源线路接通。这种温控保护开关是在电动机制造过程中预埋在定子线圈中的，它可保证电动机在正常温度条件下工作，对电动机的安全正常运转及保持电动机的使用寿命是可靠的保证，是一种较先进的安全保护措施。

葫芦式起重机所使用的电动机均不能在电源电压低于额定电压值的90%以下使用。因电动机的转矩与电压的平方成正比，当电压稍有下降时，转矩就降低很多。如果电动机轴上的负载不变，电动机就是在超负荷情况下运转，这样时间一长就可能烧坏电动机，因此，葫芦式起重机所使用的电动机，其电源的接通与切断都要通过接触器来实现。接触器具有失压保护作用，当电压过低时，接触器铁心磁力过小，接触器合不上闸（或掉闸）。当电源电压恢复正常时，电动机不能自行启动，仍需按动按钮开关使接触器触点闭合才能启动电动机。接触器的失压保护作用可防止意外事故的发生。

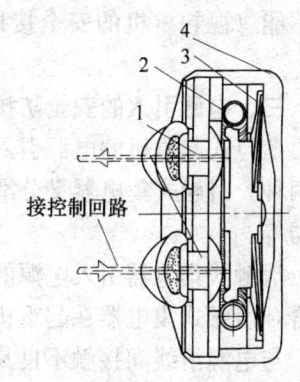

图5—13 温控双金属片保护开关
1—触点 2—弹簧
3—双金属片温控开关 4—耐压外壳

二、低压控制回路的安全作用

葫芦式起重机的电气线路目前大致有两种情况，一种是主回路与控制回路都是380 V（或220 V）电压。另一种是主回路与控制回路电压不同，控制回路采用低压线路，即引入控制回路的电源必须经过变压器。控制回路的电压为安全电压（36 V或42 V）。

葫芦式起重机大多数是采用手动按钮（手电门）的地面操纵形式，而且没有固定的操作者，因此操作者的电气安全防护用品就不一定穿戴齐备，且操作者直接手握按钮开关（手电门），一旦手电门或电缆有漏电现象，操作者就会触电造成人身伤亡事故。为了人身安全起见，目前大力推广控制回路采用低压电路，即安全电压。采用低压控制线路对减少人身触电事故起着积极作用。还需特别提出的一点是：即便采用了低压控制回路的方式，也不能忽视起重机的安全接地，而且必须在变压器低压一侧接地。

三、电源引入的安全防护

葫芦式起重机的电源引入方式有软缆引入和滑触式集电器引入两种。滑触式集电器又分滑块集电器、滑轮集电器、燕尾状集电器等。

滑触式集电器引入电源的方式适用于起重机运行距离较长的场合，滑触式集电器在起重机运行过程中，由于集电滑块（或滑轮）与电源滑线间接触不良易产生电火花，因此这种电源引入方式不适于易燃、易爆的工作环境使用。在有易燃、易爆的环境中适于采用软缆引入的方式，但软缆引入的方式仅适用于起重机运行距离小于 50 m 的情况下，当运行距离过长时，电缆太长重量很大给安装架设带来困难。为此必须采用电缆卷筒或其他有效措施。

采用滑触式集电器引入电源时，必须加强电源引入的防护工作。起重机在运行过程中有时吊钩会由于惯性而游摆，一旦吊钩或钢丝绳碰到电源滑线，起重机带电易造成触电伤害事故，同时很容易由于电火花而损坏钢丝绳或吊钩。凡采用滑触式集电器引入电源的起重机必须设置防护板。凡有司机室的起重机，其司机室的位置应装设在起重机远离电源滑线的一端。当司机室位于电源滑线同一端时，通向起重机的梯子和走台与滑线间均应设置防护板。当起重机作多层布置时，下层起重机的电源滑线应沿全长设置防护板。

采用软缆引入方式时，应根据软缆长度合理选择软缆线截面大小，防止软缆太长电压压降过大。另外，应在安装中采取相应措施防止软缆被外部机械拉、挂、挤压，杜绝软缆使用中被拉断的事故发生。

四、错相保护

一般，电动葫芦均设有上升极限位置限制器。当吊具上升至上极限位置时，上升极限位置限制器会自动切断起升电动机的电源，停止起升，从而防止由于过卷扬造成事故。但是，当电动葫芦在修理过程中将起升电动机的电源线拆下，在重新接通电源线时，有可能将电源线错相相接，这样再按手电门的"下降"按钮时，吊具上升，且上升极限位置限制器不起作用，因而容易造成事故。这是由于电动机的三相电源线错相后，电动机的正反转向与拆修前恰好相反，再按"上升"变成吊具下降，按"下降"变成吊具上升。为了避免意外事故，应在设计上升极限位置限制器时，在限制器上增加一对开关触头，当第一对（上升限制触头）触头不起作用时，吊具继续上升就打开第二对触头，使电动机电源切断。这样，即使电动机错相接线，也不会造成事故。

目前我国引进技术生产的 AS 型电动葫芦，设计上就考虑了错相保护。具有错相保护功能的上升极限位置限制器是较理想的安全保护装置。

五、接地与绝缘

一般所谓电压是指以地的电位为零，把相对于大地电位的电位高低差称作电压。另外，电流一般有要流入大地的性质，不管有多大的电流流入大地，大地可以无止境地吸收，因此可认为大地电位始终保持为零。

通常起重机上的电器均具有良好的绝缘，不会漏电。当电动机和其他电器绝缘较差时，通过它们的外壳等电流就会通到大地。这时如果外壳部分同大地之间的电阻较大，电流通过较困难时，站在大地上的人只要触到这些电器外壳时，电就经人身而流入大地，造成触电事故。为安全起见，必须用导线把这些带电体的外壳与地相接，导线的导电性必须良好，使这些带电体外壳的电位同大地几乎一样，即使人接触也不会触电。用导线把电器装置外壳与地相接的形式称为接地。接地的导线叫作地线。

葫芦式起重机的悬挂手电门的橡胶绝缘电缆因为有可能老化、断裂而漏电，因此，必须经常检查手电门的接地是否完善。

起重机上的电器因起重机的金属结构等直接接地,所以必须注意检查各部连接螺栓不要松动,在必要部位应作跨接。起重机轨道以及起重机上任何一点的接地电阻均不得大于 4 Ω。

葫芦式起重机导电部分的绝缘必须可靠,通过检测带电部分同机座(外壳)或接地部分之间的绝缘电阻值,便可评价绝缘是否良好。绝缘体在通常情况下电阻值是很大的,然而,当绝缘体受潮湿或受热而变质老化,或受外部因素损伤时,其绝缘性能将劣化。绝缘性能劣化电阻将减小,漏电即危及安全,严重时将发生短路事故,造成触电或火灾。所以,经常注意用兆欧表检测绝缘情况是很重要的。测量时就用 500 V 的兆欧表,在常温下进行。当主回路与控制回路的电源电压不大于 500 V 时,回路的对地绝缘电阻一般应不小于 0.5 MΩ。

第四节 葫芦式起重机安全操作规程

葫芦式起重机的操作与众不同,显著的特点是以地面操作为主,司机室操作的为少数,另外也有遥控等其他操作方法。由于操作方式多种多样,对操作的安全管理工作带来了一定的困难。

在众多起重机类别中,葫芦式起重机数量之多,使用范围之广是十分突出的。当前,每年新架设安装投入使用的葫芦式起重机多达几万台,其使用范围遍及冶金、机械、化工、轻工、建筑、交通运输、港口装卸以及林业等多种行业领域。显而易见,用量之大,使用范围之广,使操作使用不安全因素、事故率也相应增加,加强操作使用安全管理是理所当然。

葫芦式起重机结构简单、操作方便,尤其是地面操作更为简单方便。因此,经常有非经专门培训的人员直接进行操作使用的现象。没有专职操作者是地面操作使用葫芦式起重机的现实,更何况地面操作者往往一人身兼数职,同时担任操作、司索、指挥的任务,这一切带来不安全的隐患势必增多。正因为操作方便,操作人员素质不高，就更容易出现麻痹大意、误操作、违章操作等，加强操作安全管理是重要的课题，为此特制定葫芦式起重机安全操作规程。

一、对葫芦式起重机操作者的要求

1) 操作者必须身体健康，年满18周岁，视力（包括矫正视力）在0.7以上，无色盲症，听力能满足具体工作条件的要求。

2) 操作者应能熟悉安全操作规程和掌握有关安全注意事项。

3) 操作者应熟悉经常操作的葫芦式起重机的基本结构和性能。

4) 操作者应熟悉葫芦式起重机安全装置的作用，掌握相应的吊装作业知识。

二、开始作业前的注意事项

1) 做好必要的安全检查和准备工作。

2) 对长期停止使用的葫芦式起重机，重新使用时，应按规程要求进行试车，认为无异常方可投入使用。

3) 开始作业前应检查起重机轨道上、运行范围内是否有影响工作的异物与障碍物，清除异物或障碍物后才能开始作业。

4) 检查电压降是否超出规定值。

5) 检查操作按钮标记是否与起重机动作一致。

6) 检查制动器制动效果是否良好。

7) 检查上升极限位置限制器动作是否安全可靠。

8) 检查起升、运行机构空车运转时是否有异常响声与振动。

9) 检查吊钩滑轮组是否有异常。

10) 检查吊装钢丝绳是否有故障与损坏。

三、葫芦式起重机安全操作规程

1) 不得超载进行吊装作业。

2) 不得将吊装在其他作业者头上通过。

3) 不得侧向斜吊。

4) 不得利用起升限位器作起升停车使用。

5) 不得在正常作业中经常使缓冲器与止挡器冲撞，以达到停车的目的。

6) 不得在吊载中调整制动器。

7) 不得在吊载作业中进行检修与维护。

8) 不得在吊载中有剧烈振动时进行起吊、横行与运行作业。

9) 不得在吊载重量不清情况下，如吊拔埋置物及斜拉作业。

10) 不得随意拆改葫芦式起重机上任何安全装置。

11) 不得在下列有影响安全的缺陷及损伤情况下作业：制动器失灵、限位器失灵、吊钩螺母防松装置损坏、吊装钢丝绳损伤已达到报废标准等。

12) 不得在捆绑不牢、吊载不平衡、易滑动、易倾翻状态下，重物棱角处与吊装钢丝绳之间未加衬垫情况下进行吊装作业。

13) 不得在工作场地昏暗，无法看清场地与被吊物的情况下作业。

14) 注意作业中吊载附近是否有其他作业人员，以防出现冲撞事故。

15) 注意吊钩是否在吊载的正上方。

16) 在狭窄的场所，吊载易倾倒的情况下，不宜盲目操作。

17) 注意作业中应随时观察前、后、左、右各方位的安全情况。

18) 确认操作处于易见方位再进行操作。

19) 确认手电门按钮标记后再操作。

20) 确认吊具与吊装钢丝绳处于正常，没有挂扯其他物体时，再按动手电门按钮。

21) 发现起重机故障时，应及时与安全维护人员取得联系，及时排除故障。发现故障时要先切断总电源。

22) 重物接近或达到额定载荷时，应先作小高度、短行程试吊后再平稳地进行起升吊运。

23) 重物下降至距地面 300 mm 处时,应停车观察是否安全再下降。

24) 无下降极限位置限制器的葫芦式起重机,在吊具处于最低位置时,卷筒上的钢丝绳必须保证有不少于两圈的安全圈数。

25) 翻转吊载时,操作者必须站在翻转方向的反侧,确认翻转方向无其他作业人员时,再进行操作。

26) 为减少吊载的摆动与冲击,可以采取反向动作控制。

第五节　葫芦式起重机的常见故障

日久天长人总是要生病的,人有了病并不可怕,可怕的是找不出病因,而无法对症下药。同一个道理,葫芦式起重机与人一样,日久天长也会出故障的,找不出故障原因,也就无法排除故障,以至于造成危险与破坏。

葫芦式起重机可能发生各种各样的故障,人们在长期生产实践中总结了常见的故障,并分析了各种故障的原因,掌握了排除故障的方法。为了使广大的葫芦式起重机操作者对葫芦式起重机常见故障及故障原因和排除方法有所了解,现在表5—3中列出一般常见故障,供大家参考。

表 5—3　　　　葫芦式起重机常见故障

序号	常见故障	故障原因	排除方法
1	空载时电动机不能启动	①电源未接通 ②按钮失灵,接触不良 ③熔断器、接触器等元件失效 ④限位器未复位 ⑤按钮接线折断	①接通电源 ②修整、更换有关电器元件 ③调整或重新更换按钮接线
2	电动机空载旋转,有载不转	①转子断条,转子铸铝铝条粗细不均匀 ②电动机单相运转	①更换电动机 ②重新接线

续表

序号	常见故障	故障原因	排除方法
3	电动机启动勉强，噪声大或有异常声响	①超载过多 ②电源电压过低 ③制动器未完全打开 ④接触器线圈，电路接线有断裂	①按额定起重量吊载 ②调整电源电压 ③调整制动器间隙 ④重新接线
4	定子绕组烧毁	绝缘等级低或漆包线有外伤	更换电动机
5	电动机过热	①超载吊运 ②电压太低 ③启、制动过于频繁 ④制动器间隙太小	①按额定起重量吊载 ②调整电源电压 ③减少启、制动次数 ④调整制动器间隙
6	减速器传动噪声太大	①润滑不良，缺油 ②传动件有损伤或磨损严重	①清洗，加足润滑油 ②修整或更换齿轮、轴承等传动件
7	起升减速器箱体碎裂	起升限位器失灵，吊钩撞击卷筒外壳，吊钩偏摆而打裂	更换箱体，修理限位器
8	制动失灵	①电动机轴断裂 ②锥形制动环磨损出台阶	①更换电动机轴 ②更换制动环
9	重物下滑或运行刹不住车	①制动间隙太大 ②制动环磨损严重 ③电动机轴端或齿轮轴端紧固螺钉松动	①调整制动间隙 ②更换制动环 ③拧紧松动的螺钉
10	制动时发出尖叫声	制动轮与制动环间有相对摩擦，接触不良	修制动环，使制动轮、制动环锥面相符
11	导绳器破裂	斜吊违章操作	按操作规程操作
12	电动葫芦外壳带电	轨道未接地或接地线失效	加装或接通接地线
13	钢丝绳切断	①限位器失灵被拉断 ②超载过多起吊 ③已达到报废标准，仍使用	①修理或更换限位器 ②按规程吊载 ③更换钢丝绳
14	钢丝绳变形	①无导绳器，钢丝绳被挤压变形 ②斜吊造成乱绳而变形	①应装导绳器 ②按规程操作

续表

序号	常见故障	故障原因	排除方法
15	钢丝绳磨损	①斜吊使钢丝绳与外壳相磨 ②钢丝绳直径过大	①不要斜吊 ②合理选用钢丝绳
16	钢丝绳空中打花	缠绳时未将钢丝绳放松	钢丝绳拆下,放松后重缠
17	按钮动作失灵,按下不复位	①按钮弹簧疲劳,损坏 ②灰尘污物过多 ③电路断线或接头松落	①更换弹簧 ②保持清洁 ③更换电缆或重新接线
18	动作与按钮标志不符	电源相序接错	重新接线(换相)
19	触电	①采用铁壳手电门 ②非低压手电门	①改用塑壳手电门 ②采用低压(36 V或42 V)手电门
20	接触器线圈断裂	疲劳损坏	更换接触器
21	接触器触点粘连	磁铁接触面上有油污 触点烧损	清除油污 更换触点
22	接触器触点烧毁	触点接触面不平,重量差	更换触点或换接触器
23	升降限位器不限位	电源相序接错,接线不牢,限位杆的停止块松脱	重新接线 调好停止块位置,紧牢
24	葫芦车轮打滑	轨道面或车轮踏面有油污	清除油污
25	葫芦车轮悬空	工字钢下翼缘不规整,车轮组装配不合要求	修整工字钢翼缘 修整车轮组,重新装配
26	车轮爬轨	运行小车两侧不平衡	加配重调整
27	大车轮启动打滑	轨面有油污 车轮三条腿,主动轮悬空	清除油污 调整,修复解决三条腿或矫正桥架

续表

序号	常见故障	故障原因	排除方法
28	大车启动、制动时明显不同步，扭动	车轮踏面磨损，直径尺寸相差太大 分别驱动两端制动器间隙相差太大	更换，修理车轮 调整两端制动间隙
29	大车制动刹不住车	制动器间隙过大 制动环磨损已达报废标准	调整间隙 更换制动环
30	大车运行中出现歪斜、跑偏、啃道	轨道安装重量不合格 桥架发生变形 车轮装配精度不合格 车轮磨损	修复轨道 检查矫正桥架 修整车轮组 更换，修理车轮
31	大车运行中出现卡轨，爬轨，掉道或蛇形扭摆、冲击	起重机跨度与轨道跨度相差太大 车轮槽与轨顶面不匹配 起重机三条腿 轨道重量差，接缝不合要求	修整跨度 修车轮槽 修车轮组使四轮与轨道全接触 重新调轨道
32	主梁上拱消失，出现下塌（下挠）	超载起吊 主梁疲劳	火焰修复，加预应力拉杆修复
33	主梁工字钢下翼缘下塌	翼缘磨损变薄，局部弯曲强度减弱	工字钢贴板补强 工字钢下加工字钢修复
34	司机室振动，摇晃	司机室本身刚性差 主梁刚性差 起升、运行机构振动，冲击	加强司机室刚性，增加减振器 加强主梁刚性 检查起升、运行机构，解决振源
35	行程开关失灵	短路或接线错误	重新接线
36	起升或运行机构漏油	油封失效 变速箱加油过多 装配时螺栓不紧 箱体变形	更换油封 适量加油 重新紧固螺栓 更换箱体或用不干密封胶

第六章
桥式起重机安全技术

桥式起重机是横架于车间、仓库及露天堆场的上方，用来吊运各种物体的机械设备，通常称为"天车"或"行车"。它是机械工业、冶金工业和化学工业中应用最广泛的一种起重机械。在现代工业企业中，是实现生产过程机械化和自动化、减轻繁重的体力劳动，提高生产效率的重要设备之一。

第一节 桥式起重机的分类及构造

一、桥式起重机的分类

桥式起重机的分类方法很多，常见的分类方法如图6—1所示。

二、桥式起重机的构造

桥式起重机由大车和小车两部分组成。小车上装有起升机构和小车运行机构，整个小车沿装于主梁上盖板上的小车轨道运行。单梁桥式起重机又称为梁式起重机，其小车部分即是电动葫芦，它沿主梁（工字梁）下翼缘运行。大车部分则是由起重机桥架（大车桥架）及司机室等组成。在大车桥架上装有大车运行机构和小车输电滑触线或小车传动电缆及电气设备（电气控制箱和电阻器）等。司机室又称操纵室，其内装有起重机控制装置及电气保护柜、照明开关板等。

按功能而论，桥式起重机则是由金属结构、机械部分和电气

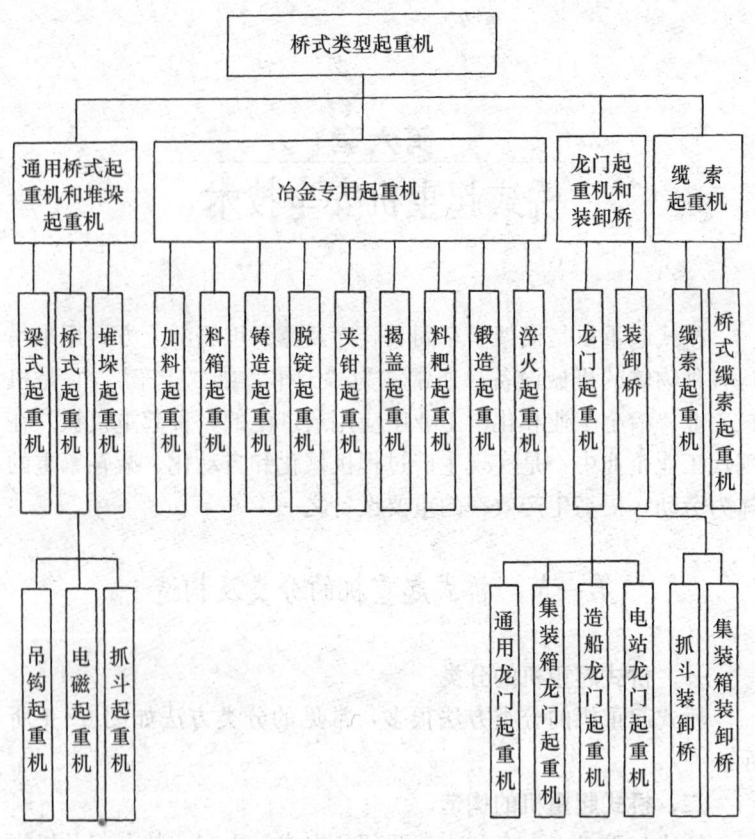

图 6—1 桥式起重机分类

部分等三大部分组成。

  起重机的金属结构是起重机的骨架，所有机械、电气设备都布于其上，是起重机的承载结构并使起重机构成一个机械设备的整体。

  桥式起重机的机械部分，是起重机动作的执行机构，吊物的升降和移动是靠相应的机械传动机构来完成的，机械传动机构是由起升机构（双吊钩时则有主、副起升机构之分）、小车运行机构和大车运行机构组成。

起重机的电气部分则是由电气设备和电气线路所组成。它是起重机的动力源,操纵控制起重机各机构的运转以实现吊物的升降、移动工作,并实现对起重机的各种安全保护。

第二节 桥式起重机的金属结构

桥式起重机的金属结构主要由起重机桥架(又称大车桥架)、小车架和操纵室(司机室)等三部分组成。它是起重机的承载结构并使起重机构成一个整体。具有足够的刚度和强度及稳定性的金属结构,是确保起重机安全运转的重要因素之一。本节主要介绍桥式起重机金属结构的构成及其安全技术要求。

一、桥式起重机桥架

自建国以来,随着我国工业的不断发展,各种结构形式起重机也在不断创新,应用较广的结构形式有以下几种:

1. 箱形结构桥架

箱形结构桥架的构成如图 6—2 所示,它是由主梁、端梁(又称横梁)、走台和防护栏杆等组成。主梁和端梁均是由钢板拼焊成的箱形断面结构,故称为箱形结构。

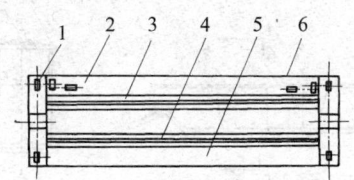

图 6—2 桥式起重机桥架示意图
1—端梁 2—传动走台 3—传动梁 4—导电梁
5—导电走台 6—防护栏杆

(1) 桥架的结构几何尺寸

桥架的各种几何尺寸均是以起重机的跨度 S 为基准而定。

1) 起重机的跨度（S）。桥式起重机的两端梁车轮踏面中心线间的距离称为起重机的跨度（也称大车跨度）、用符号 S 表示，单位为 m，桥式起重机的跨度已标准系列化。

2) 端梁轴距（B）。同一端梁两车轮轴线间的距离称为起重机轴距、用符号 B 表示。通常以起重机在运行时不发生卡塞，保证大车运行正常为原则而决定该尺寸，为此，它必须满足下式要求：

$$B/S = \frac{1}{7} \sim \frac{1}{5} \qquad (6\text{—}1)$$

3) 主梁的高度（H）。根据满足起重机强度和刚度的要求计算并符合下式规定：

$$H = (\frac{1}{18} \sim \frac{1}{14})S \qquad (6\text{—}2)$$

4) 主梁的宽度 b。可按下式确定：

$$b = (\frac{1}{50} \sim \frac{1}{40})S \qquad (6\text{—}3)$$

(2) 箱形主梁

桥式起重机箱形主梁（见图 6—3）是由上盖板 1、腹板 4、下盖板 5、加筋板 6、7 及纵向拉筋 3 等组成。

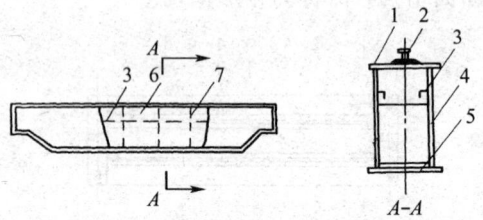

图 6—3 箱形主梁构造示意图
1—上盖板 2—小车轨道 3—纵向拉筋 4—腹板
5—下盖板 6—小筋板 7—大筋板

1) 主梁的技术要求。为了提高主梁的承载能力，改善主梁的受力状况，抵抗主梁在载荷作用下的向下变形、提高主梁的强度和刚度，主梁跨中应具有 $F=\dfrac{S}{1\,000}$ 的上拱度，其允差为 $^{+0.3F}_{-0.1F}$，并要求主梁由两端向跨中逐步拱起而呈弓形状态。主梁的旁弯度不得大于 $\dfrac{S}{2\,000}$，且不允许向内弯。

2) 主梁的刚度要求。所谓主梁的刚度就是表征主梁在载荷作用下抵抗变形的能力。通常规定为：在主梁跨中起吊额定负荷其向下变形量 $f\leqslant\dfrac{S}{700}$（对双梁桥式起重机）或 $f\leqslant\dfrac{S}{600}$（对单梁起重机），卸载后变形消失，即不准有永久变形，则可认为该主梁刚度合格。此项乃是测定桥式起重机负荷能力的主要指标之一，是起重机安装或大修后必测的重要项目。

3) 主梁下挠的概念。凡是在载荷作用下，主梁产生的向下塑性变形（从原始拱度算起）即称为主梁下挠。

(3) 端梁

桥式起重机的端梁又称横梁。它与主梁拼焊连接后而构成桥架，它也是由钢板拼焊成的箱形结构，每根端梁制成可分式的两个半体，分别与主梁两端刚性焊接成"工"形体，然后两个"工"形体再用连接板及抗剪螺栓连接起来而构成框架形的桥架主体结构。端梁上安装有大车主动车轮组和被动车轮组，防护栏杆和大车缓冲器及限位器等。

(4) 走台

在两主梁外侧有走台，靠近传动梁的走台称为传动走台，在其上安装有大车运行机构和控制屏、保护柜、电阻器等电气设备；靠近导电梁的走台称导电走台，其上安装有电柱及小车滑触线或电缆支架、导电电缆等。走台应用防滑性能良好的网纹钢板制造。

(5) 防护栏杆

为了安全，在端梁和两走台外侧均安有防护栏杆。防护栏杆高度不应小于 1 050 mm，并应设有间距为 350 mm 的水平横杆。护栏的底部应设有高度不小于 70 mm 的围护板。栏杆上任一处都应能承受 1 kN 来自任何方向的载荷而不产生塑性变形。

2. 桁架式桥架结构

对于小起重量大跨度的桥式起重机，采用桁架式桥架结构是比较经济的。

（1）桁架式桥架结构形式及其构成

根据主梁横断面形式的不同，桁架式结构可分为四桁架式（见图 6—4a）和三角形桁架式（见图 6—4b）两种。

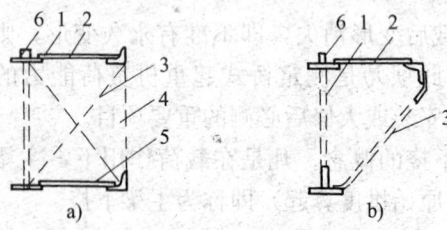

图 6—4 桁架式桥架主梁断面图
a）四桁架式结构 b）三角形桁架式结构
1—主桁架 2—上水平桁架 3—斜撑桁架 4—副桁架
5—下水平桁架 6—小车轨道

（2）桁架的基本几何尺寸

同箱形结构形式一样，桥架的其他尺寸也是以桥架跨度 S 为基础。对于 $G_n=5\sim30$ t 的桁架式主梁，其桁架高度通常取 $H=\dfrac{S}{16}$，节间长度 $l=1.5\sim3$ m，节间的数量一般为 $8\sim16$（取偶数），且桁架高度通常与节间等长。副桁架、水平桁架的节间与主桁架相对应。

3. 龙门起重机桥架

龙门起重机桥架也有箱形结构和桁架结构之分。主梁有双梁和单主梁两种。支腿常见形式有"L""C"和"八"字形三种，

主梁的跨中拱度值应为 $F=\dfrac{S}{1\,000}$，其允许偏差为 $^{+0.3F}_{-0.1F}$。主梁的旁弯度 $f\leqslant\dfrac{S}{3\,000}$，并不允许向内弯（对双梁而言）。龙门起重机常制成双悬臂形式，两悬臂的长度 $L_0=\left(\dfrac{1}{9}\sim\dfrac{1}{3}\right)S$，其悬臂端应预制有翘度，翘度值 $F_0=\dfrac{L_0}{350}$，其允许偏差为 $^{+0.3F_0}_{-0.1F_0}$。

二、小车架

桥式起重机小车架是由钢板拼焊成的小工字梁制成，在其上方亦装有防护栏杆。小车架必须具有足够的刚度和强度。

三、操纵室（司机室）

对于桥式起重机司机室有如下几点要求：

1) 司机室与悬挂或支撑部分的连接必须牢固，其顶部应能承受 $2.5\ kN/m^2$ 的静载荷。

2) 在高温、有尘垢、有毒等环境下工作的起重机，应采用封闭式司机室，露天工作起重机的司机室，应具有防风、防雨、防晒的设施。

3) 桥式起重机司机室应设在无导电滑触线的一侧，由于条件限制而必须设置在滑触线一侧时，应设可靠的防触电的护板。

4) 工作环境温度高于 35℃ 的和在高温下工作的起重机，如冶金起重机的司机室应设置降温装置，工作温度低于 5℃ 的司机室，应设置安全可靠的采暖装置。

5) 司机室应有良好的视野，便于操作和维修，司机室应保证在事故状态下，司机能安全迅速地撤出，司机室底板应铺设绝缘木板或胶皮等绝缘材料。

四、金属结构的维护及其报废标准

1. 金属结构的维护和保养

(1) 使用规则

1)起重机在起吊重物时,不可突然猛烈启动或突然猛烈加速,防止产生过大的惯性力,使主梁受到猛烈冲击和振动而遭受损害。

2)严禁起重机各机构反车制动,防止产生过大的横向力对金属桥架结构的冲击。

3)起重机起吊的吊物不允许长时间悬吊于空中;起重小车非工作时不得停放于跨度中间部位。

(2)定期检查与保养

1)金属结构的重要部位、如主梁、主梁主要焊缝、主梁与端梁连接处均应定期检查。

2)起重机桥架、主要金属构件,应3~5年重新涂漆保养,在每次起重机大修理时,必须对整个金属结构全面涂漆保养。

2. 金属结构的报废标准

1)主要受力构件,如主梁、端梁等失去整体稳定性时应报废。

2)主要受力构件发生腐蚀时,应对其进行检查和测量,当承载能力降低至原设计承载能力的87%以下时,如不能修复则应报废。

3)当主要受力构件产生裂纹时、应采取阻止裂纹继续扩张及改变应力的措施,或停止使用,如不能修复则应报废。

4)当主要受力构件断面腐蚀达原厚度的10%时,如不能修复应报废。

5)主要受力构件因产生塑性变形,使工作机构不能正常地安全工作时,如不能修复,应报废。

6)对于桥式起重机,小车于跨中起吊额定负荷、主梁跨中的下挠值在水平线下超过$\dfrac{S}{700}$时,如不能修复,应报废。

第三节 起升机构

一、起升机构的构成及其工作原理

1. 起升机构的构成

常见的起升机构如图 6—5 所示,有时还装有称量装置和超载保护装置。具有主、副钩的起重机则有两套各自独立的起升机构。

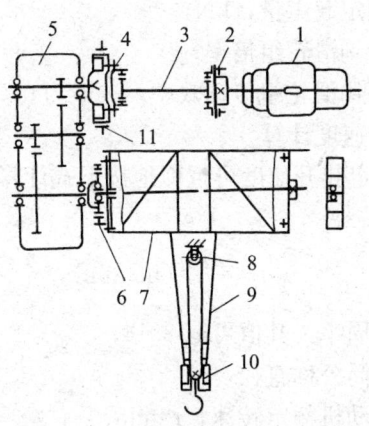

图 6—5 起升机构构成状态示意图
1—电动机 2—齿轮联轴器 3—传动轴 4—制动轮联轴器
5—减速器 6—齿盘接手 7—卷筒组 8—定滑轮组
9—钢丝绳 10—吊钩组 11—制动器

2. 起升机构的工作原理(如图 6—5 所示)

电动机 1 通电后(制动器 11 打开)产生电磁转矩,通过齿轮联轴器 2,传动轴 3 将转矩传递至减速器 5 的高速轴,经过齿轮传动减速后而由减速器将转矩输出,并经齿盘接手 6,带动卷筒组 7 作定轴转动,使固定在其上的钢丝绳 9 作绕入或绕出运动,并将与钢丝绳所系吊的吊钩组(取物装置)作相应的上升或下降运动,遂可实现吊物的上升或下降运动。为使吊物能安全可靠地停于空中任一位置而不坠落,在起升机构减速器高速轴端安装制动轮及相应的制动器 11。以便在断电时实现制动。

二、起升机构简要计算

1. 起升机构起重绳拉力计算

起重绳分支最大拉力可按下式计算(对双联卷筒而言):

$$S_{max} = \frac{G_n}{2m\eta_{组}}(kN) \tag{6—4}$$

式中　G_n ——额定起重量,kN;

　　　m ——吊钩滑轮组倍率;

　　　$\eta_{组}$ ——吊钩滑轮组传动效率,一般为 0.90~0.95。

2. 额定起升速度计算

起升机构额定起升速度可近似地按下式计算:

$$v_{起} = \frac{\pi D n}{mi}(m/min) \tag{6—5}$$

式中　π ——圆周率,其值可取 3.14;

　　　D ——卷筒公称直径,m;

　　　n ——电动机额定转速,r/min;

　　　m ——吊钩滑轮组倍率;

　　　i ——减速器的传动比,又称速比。

3. 起重静动率计算

(1) 理论计算公式

1)

$$P_{静} = \frac{G_n v_{起}}{59\,976\eta}$$

$$\approx \frac{G_n v_{起}}{60\,000\eta}(kW) \tag{6—6}$$

式中　G_n ——额定起重量,N;

　　　$v_{起}$ ——额定起升速度,m/min;

η —— 起升机构传动效率，$\eta = 0.85 \sim 0.9$。

2)
$$P_{静} = \frac{G_n v_{起}}{6\,120\eta}(\text{kW}) \qquad (6—6')$$

式中 G_n —— 额定起重量，kg；

$v_{起}$ —— 额定起升速度，m/min；

η —— 起升机构传动效率，$\eta = 0.85 \sim 0.9$。

（2）经验公式
$$P_{静} = 0.2\, G_n \cdot v_{起}(\text{kW}) \qquad (6—7)$$

式中 G_n —— 额定起重量，t；

$v_{起}$ —— 额定起升速度，m/min。

例 6—1 试核算一 $G_n = 5$ t 桥式起重机，电动机额定转速 $n = 750$ r/min，减速器传动比 $i = 31.5$，卷筒直径 $D = 400$ mm，滑轮组倍率 $m = 2$，起升机构传动效率 $\eta = 0.9$，它的起重静功率是多少？

解：

（1）根据（6—5）式计算额定起升速度 $v_{起}$

$$v_{起} = \frac{\pi D n}{mi} \qquad D = 400 \text{ mm} = 0.4 \text{ m}$$

$$= \frac{3.14 \times 0.4 \times 750}{2 \times 31.5} \qquad n = 750 \text{ r/min}$$

$$= 14.95 \text{ (m/min)} \qquad m = 2$$

$$\qquad\qquad\qquad\qquad i = 31.5$$

（2）用（6—6）、（6—6'）及（6—7）式分别计算

1)
$$P_{静} = \frac{G_n v_{起}}{60\,000\eta} \qquad G_n = 5\,000 \text{ kg} = 49\,000\text{N}$$

$$= \frac{49\,000 \times 14.95}{60\,000 \times 0.9} \qquad v_{起} = 14.95 \text{ m/min}$$

$$= 13.56 \text{ (kW)} \qquad \eta = 0.9$$

代入（6—6）

2)

$$P_{静} = \frac{G_n v_{起}}{6\,120\eta} \qquad G_n = 5\,000 \text{ kg}$$

$$= \frac{5\,000 \times 14.95}{6\,120 \times 0.9} \qquad v_{起} = 14.95 \text{ m/min}$$

$$= 13.57 \text{ (kW)} \qquad \eta = 0.9$$

代入（6—6'）式

3)

$$P_{静} = 0.2\, G_n v_{起} \qquad G_n = 5\,000 \text{ kg}$$

$$= 0.2 \times 5 \times 14.95 \qquad v_{起} = 14.95 \text{ m/min}$$

$$= 14.95 \text{ (kW)} \qquad 代入（6—7）式$$

通常这种重级工作类型 5 t 桥式起重机的起升电动机额定功率为 $P_H = 16$ kW。中级工作类型时电动机额功率为 11 kW。通过上述的理论公式和经验公式计算，其计算结果与实际相差无几。故，(6—6)、(6—6') 及 (6—7) 式计算起重功率既简便又实用。

三、起升机构的安全技术

1. 起升机构必须安装常闭式制动器

常闭式制动器的制动安全系数必须符合表 6—1 的规定。对于吊运炽热金属、易燃易爆物或有毒物品的起重机，其起升机构必须安装两套制动器，每套制动器的制动安全系数不小于 1.25；对于安装一套制动器的起升机构，则此制动轮及制动器必须安装在减速器的输入端，以确保制动安全可靠。

表 6—1 常闭式制动器制动安全系数 K

工作类型	M1 M2 M3 M4	M5	M6 M7	M8
制动安全系数 K	1.5	1.75	2	2.5

制动器检查维护应注意以下几点：

(1) 制动器调整标准

理论上应按表 6—1 提供的制动安全系数 K 值进行调整，但 K 值的测定较为困难。实际工作中，常用下述调整方法作为标准。通过对主弹簧、磁铁冲程及闸瓦间隙的调整，使其达到：在空载时撬开制动器打开装置，吊钩组可缓慢启动下落并逐步加快，这说明制动器已完全打开且无附加摩擦阻力；而当吊起额定负荷（即额定起重量 G_n）以常速下降时，断电后其制动行程（制动滑行距离）应符合下式的要求：

$$S_{制} = \frac{v_{起}}{100}(\text{mm}) \qquad (6—8)$$

式中　$v_{起}$——额定起升速度。

实践证明，这种方法作为调整起升机构制动器的标准是极为可靠而又实用的。

(2) 起升机构制动器工作必须安全可靠

一般应每天检查调整一次，且在正式工作前应试吊以检验其工作可靠性，冶金起重机的起升机构制动器应每班检查调整一次，且铰接点应每天注油润滑，以确保动作灵敏可靠。

2. 起升机构必须安装上升、下降双向限位器

1) 上升限位器的设置应能保证当取物装置最高点距定滑轮最低点不小于 0.5 m 处断电停机。

2) 下降限位器的设置应能保证取物装置下降到最低位置断电停机，且此时在双联卷筒上每端所余钢丝绳圈数不少于两圈（不包括压绳板处的圈数）。

3) 应经常检查限位器工作的可靠性，动作是否灵敏。失效时，应停机检修，不得带病工作。

3. 吊钩必须安装有防绳扣脱钩的闭锁装置。

4. $G_n = 10$ t 以上的龙门起重机和 $G_n = 20$ t 以上的桥式起重机，必须安装超载限制器。

第四节 大车运行机构

一、大车运行机构的传动形式、构成及其工作原理

1. 大车运行机构的传动形式

大车运行机构传动形式可分为两大类，一种为分别驱动形式（见图 6—6a），另一种为集中驱动形式（见图 6—6b）分别驱动与集中驱动形式相比，其自重较轻，通用性好，安装和维修方便，运行性能不受吊重物时桥架变形的影响，故目前在桥式起重机上获得广泛采用。集中驱动形式只用于小起重量和小跨度的桥式起重机上。

2. 大车运行机构的组成

如图 6—6 所示，大车运行机构是由电动机 1，传动轴 6，制动器 2，齿轮联轴器 5、7，减速器 3 及车轮组 4 等组成的。由电动机并经减速器机械传动所带动的车轮组称主动车轮组，而无电动机带动只起支撑作用的车轮组称为被动或从动车轮组。

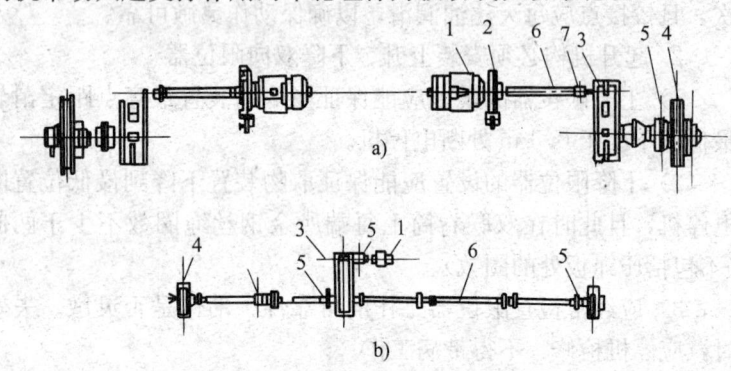

图 6—6　大车运行机构传动示意图
a）大车分别驱动形式　b）大车集中驱动形式
1—电动机　2—制动器　3—减速器　4—车轮组　5—低速轴齿轮联轴器
6—传动轴　7—减速器齿轮联轴器

3. 大车运行机构工作原理

如图6—6所示,当电动机1通电的同时,常闭制动器2打开,电动机1产生电磁转矩,通过传动轴6、齿轮联轴器7将扭矩传到减速器3的输入轴端,经过齿轮传动减速,由其输出端将扭矩输出,并经齿轮联轴器5带动车轮组4中的车轮转动,车轮沿轨道顶面滚动,在大车主动轮与轨道顶面间附着力作用下,整台起重机随车轮的滚动而产生向左或向右的运动。

二、大车运行速度计算

大车运行速度可按下式计算

$$v_{大车} = \frac{\pi D n}{i} (m/min) \qquad (6—9)$$

式中　π ——圆周率,取3.14;
　　　D ——大车车轮直径,m;
　　　n ——大车电动机额定转速,r/min;
　　　i ——大车减速器传动比。

例6—2　一桥式起重机,大车电动机$n=960$ r/min,减速器传动速比$i=15.75$,大车主动车轮直径$D=500$ mm,试求其大车额定速度是多少?

解:

$v_{大车} = \frac{\pi D n}{i}$　　　　$D=500$ mm$=0.5$ m

$\quad = \frac{3.14 \times 0.5 \times 960}{15.75}$　　$n=960$ r/min

$\quad = 95.7$ (m/min)　　　$i=15.75$

代入(6—9)式

三、大车运行机构安全技术

1) 大车运行机构必须安装制动器,以便使大车断电后在允许制动的行程范围内安全停车。其允许制动行程$S_{制}$(又称制动距离)范围可按下式确定:

$$\frac{v_{大车}^2}{5\,000} \leqslant S_{制} \leqslant \frac{v_{大车}}{15} \qquad (6—10)$$

式中 $v_{大车}$——大车额定运行速度，m/min；

$S_{制} \geqslant \dfrac{v_{大车}^2}{5\,000}$——限制大车的最小制动行程，即制动力矩不能过大（制动器不能调得过紧），以防止产生过大的制动惯性力而影响大车运行性能及对起重机桥架造成的危害。

$S_{制} \leqslant \dfrac{v_{大车}}{15}$——限制大车的最大制动行程，即制动器不能调得太松，制动力矩太小，以确保起重机能在规定的允许范围内安全停车。防止发生碰撞事故。

当大车正常运行断电后的滑行距离超过上式规定值时，应立即调整制动器，以使其制动行程符合（6—10）式的要求。严禁开反车制动停车。

2) 制动器应每2~3天检查并调整一次，分别驱动的运行机构，两端制动器应调整协调一致，防止制动时发生大车扭斜啃道现象产生，使运行时两端制动器完全松开而无附加摩擦阻力，确保起重机正常运行。

3) 大车应安装终端行程限位器，并相应在大车行程两终端安装限位安全触尺，以确保在大车行至轨道末端前触碰限位器转臂并打开常闭触头而断电停车；同一轨道上两台起重机间亦应安装相应限位安全触尺，当两车靠近时触碰对方限位器转臂而打开触头断电，以防止两大车带电碰撞。

4) 桥式起重机桥架四角端部必须装有弹簧式或液压式缓冲器，并于起重机每条轨道末端设置装有硬木或胶垫的金属构架式的止挡体（俗称车挡）。既能防止起重机脱轨，又可吸收起重机运动动能，起缓冲减震并保护起重机和建筑物不受损害的作用。

5) 带有锥形踏面的大车车轮，通常用于分别驱动的场合且应配用顶面呈圆弧形的轨道，锥度的大端应靠跨中的方向安装，不得装反。

6）大车车轮前方应安装扫轨板，扫轨板的下边缘与轨顶面的间隙为 10 mm，用来清除轨道上的杂物，以确保起重机运行安全。

例 6—3 某桥式起重机大车额定运行速度为 100 m/min，试求它的最大和最小制动行程。

解：根据（6—10）式：

$$S_{制最大} \leqslant \frac{v_{大车}}{15} = \frac{100}{15} = 6.66 \text{ m}$$

最小制动行程：

$$S_{制最小} \geqslant \frac{v_{大车}^2}{5\,000} = \frac{100 \times 100}{5\,000} = 2 \text{ m}$$

答：该车最大与最小制动距离分别为 6.66 m 和 2 m，大车制动器应按此标准范围调整，即可达到安全要求。

第五节　小车运行机构

一、小车运行机构传动形式、组成及其工作原理

1. 小车运行机构传动形式

中、小型起重机的小车运行机构均采用集中驱动形式。如图 6—7a 所示；大起重量起重机的小车运行机构则通常采用分别驱

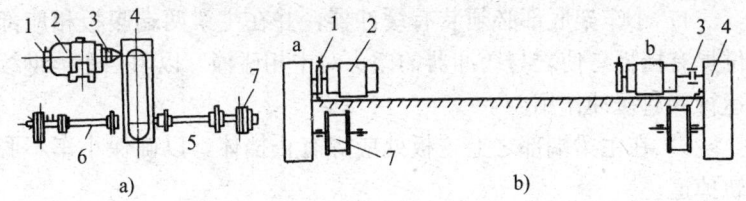

图 6—7　小车运行机构传动示意图
a）集中驱动形式　b）分别驱动形式
1—制动器　2—电动机　3—联轴器　4—立式减速器
5—联轴器　6—传动轴　7—车轮组

动的形式（见图 6—7b）。

2. 小车运行机构的组成

如图 6—7 所示，小车运行机构由电动机 2、联轴器 3、立式减速器 4、传动轴 6 及车轮组 7 等组成，在电动机轴上安装制动轮及其相应的制动器 1。

3. 小车运行机构工作原理

小车运行机构与大车运行机构工作原理相同。

二、小车运行速度计算

小车运行速度与大车运行速度计算相同，可用（6—9）式计算。

三、小车运行机构安全技术

1) 小车运行机构必须安装制动器，以便断电后在允许制动行程范围内安全停车。其允许制动行程应符合下式规定：

$$\frac{v_{小车}^2}{5\,000} \leqslant S_{制} \leqslant \frac{v_{小车}}{20} \qquad (6—11)$$

式中 $v_{小车}$——小车额定运行速度，m/min。

2) 制动器每 2~3 天检查调整一次。

3) 小车行程的两端必须安装限位器，相应在小车架底部装有限位安全触尺，以确保在小车行至终端时碰撞限位器转臂而打开触点断电停车。

4) 小车架底部必须装有缓冲器，并在主梁两端腹板相应部位焊有挡板，使之与缓冲器的碰头对中相碰撞，以阻挡车体继续运行并起缓冲作用。

5) 在主梁端部之上盖板处应焊有止挡体，以确保小车不脱轨掉道。

6) 小车运行时各车轮踏面应同时与轨道接触，主动车轮踏面与轨顶面间隙不大于 0.1 mm；从动车轮踏面与轨道顶间隙不大于 0.5 mm，小车出现"三条腿"现象时，必须予以修理，不可带病工作。

7) 小车车轮为单轮缘时，轮缘应靠近轨道外侧方向安装、不得装反。

8) 同大车一样，小车轮前方应安装扫轨板，扫轨板底边缘与轮顶间隙为 10 mm。

第六节　电气设备与电气线路

一、桥式起重机的电气设备

桥式起重机的电气设备包括有：各机构电动机，制动电磁铁、操作电器和保护电器等。

1. 电动机

桥式起重机各机构应采用起重专用电动机，它要求具有较高的机械强度和较大的过载能力。应用最广的是绕线式异步电动机，这种电动机采用转子外接电阻逐级启动运转，既能限制启动电流确保启动平稳，又可提供足够的启动力矩，并能适应频繁启动、反转、制动、停止等工作的需要。要求较高，容量大的场合可采用直流电动机，小起重量起重机，运行机构中有时采用鼠笼式电动机。

绕线式电动机型号为 JZR、JZR_2、JZRH 和 YZR 系列。

鼠笼式电动机型号为 JZ，JZ_2 和 YZ 系列。

2. 制动电磁铁

制动电磁铁是各机构常闭式制动器的打开装置，也称操动装置。起重机上常用的打开装置有如下四种：即单相电磁铁（MZD1 系列）、三相电磁铁（MZS1 系列）、液压推动器（TY1 系列）和液压电磁铁（MY1 系列）。

3. 操作电器

又称控制电器，它包括有控制器、接触器、控制屏、电阻器等。

(1) 主令控制器

主要用于大容量电动机或工作繁重、频繁启动的场合（如抓斗操作）。它通常与控制屏配合使用，由主令控制器发出指令，使控制屏中相应的接触器动作，实现主电动机的正、反转、制动停止与调速工作。其常用型号为 LK4 系列和 LK14 系列。

（2）凸轮控制器

主要用于小起重量起重机的各机构的控制中，直接控制电动机的正、反转和停止。要求控制器具有足够的容量和开闭能力、熄弧性能好、触头部分接触良好、操作应灵活、轻便、挡位清楚、零位手感明确，工作可靠，便于安装、检修和维护。常用型号为 KT10 和 KT12 系列。旧型号为 KTJ1 系列。

（3）电阻器

电阻器在起重机各机构中用来限制启动电流，实现平稳和调速之用。要求应有足够的导电能力，各部分连接必须可靠。

（4）保护电器

桥式起重机的保护电器包括有：保护柜、控制屏、过电流继电器、各机构行程限位器、紧急开关、各种安全联锁开关及熔断器等。对于保护电器的要求是：动作灵敏、工作安全可靠、确保起重机安全运转。

二、电气线路

桥式起重机的电气线路由三部分组成，即照明信号回路、控制回路和主回路。

1. 照明信号回路

桥式起重机的照明信号回路如图 6—8 所示。其线路特点如下：

1）照明信号回路为专用线路，即其电源由起重机主断路器的进线端分接，当起重机保护柜主刀开关拉开后（切断 1QS），照明信号回路仍然有电供应，以确保停机检修的需要。

2）照明信号回路由刀开关 2QS 控制，并有熔断器作短路保护之用。

3）手提工作灯、司机室照明及电铃等均采用 36 V 的低压电源，以确保安全。

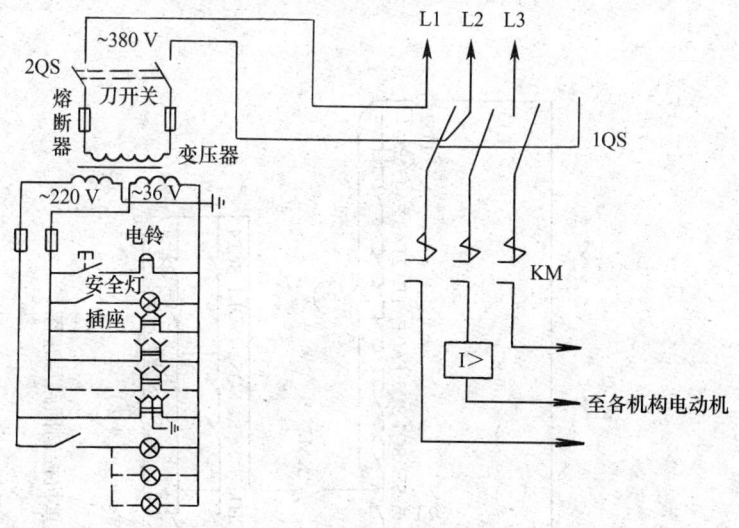

图 6—8 照明信号回路图

4)照明变压器的次级绕组必须作可靠接地保护。

2. 控制回路

　　桥式起重机的控制回路又称联锁保护电路,它控制起重机总电源的接通与分断,从而实现对起重机的各种安全保护。通用桥式起重机由控制回路控制起重机总电源的通断,原理如图 6—9 所示。左边粗线条部分为起重机的主回路,即直接为各机构电动机供电并使其运转的那部分电路。右边细线条部分则为起重机的控制回路。从图 6—9 可知,在主回路刀开关 1QS(即保护柜三相刀开关)推合后,控制回路已于 A、B 处获得接电;而主回路因接触器 KM 主触头分断而未能接电,故整个起重机各机构电动机均未接通电源而无法工作。因此,起重机总电源的接通与分断,就取决于主接触器主触头 KM 的接通与否,而控制回路就是控制主接触器 KM 主触头的接通与分断,也就是控制起重机总电源的接通与分断,故把这部分控制主回路通断的电路称之为控制回路。

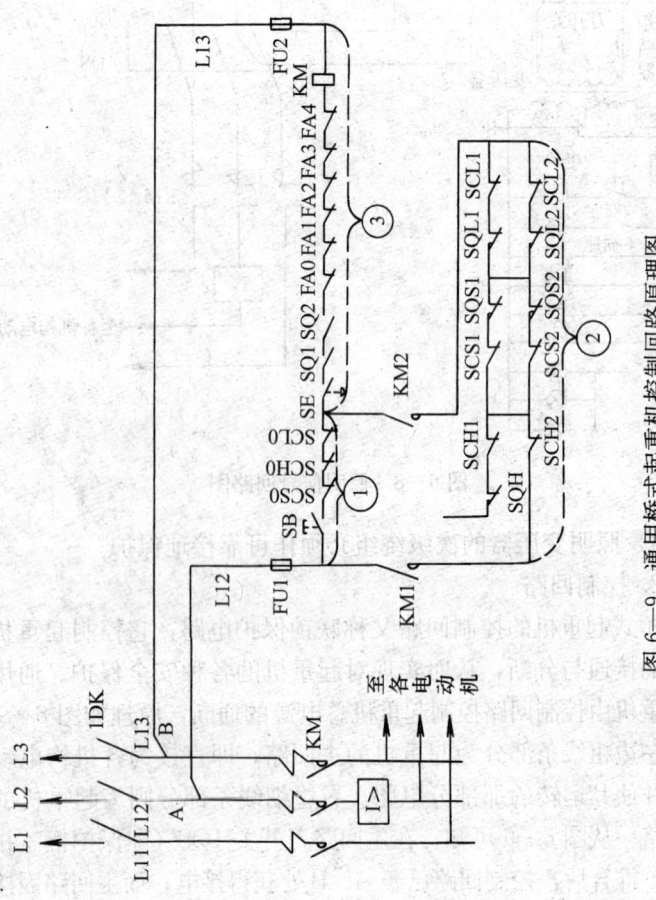

图 6—9 通用桥式起重机控制回路原理图

(1) 控制回路的组成

通用桥式起重机控制回路如图 6—9 所示。它是由三部分电路组成：即由零位启动部分电路（①号电路）、联锁保护部分电路（③号电路）和限位保护部分电路（②号电路）所组成。在①号电路内包括起升、小车、大车控制器的零位触头（它们分别用 SCH0、SCS0、SCL0 表示）和启动按钮 SB；在②号电路内包括起升、小车和大车限位器的常闭触头，它们分别用 SQH、SQS1、SQS2、SQL1、SQL2 表示，在③号电路中包括主接触器 KM 的线圈、紧急开关 SE、端梁门开关 SQ1、SQ2 及各过电流继电器 FA0、FA1…FA4 的常闭触头。①号电路与②号电路通过主接触器 KM 的常开联锁触头 KM1、KM2 并接后与③号电路串联接入电源而组成一个完整的控制回路。

(2) 控制回路的工作原理

1) 起重机零位启动。由图 6—9 可知，当保护柜刀开关 1QS 推合后，在控制回路中，由于 KM1 和 KM2 未闭合而只有①号电路和③号电路串联并通过熔断器 1FU 和 2FU 接于电源的 A、B 两点。只要各机构控制器手柄置于零位，即非工作位置，此时 SCH0、SCS0 和 SCL0 各控制器零位触头闭合，各安全开关 SE、CQ1、CQ2 和 FA1…FA4 的触头都处于正常闭合状态，此时按下启动按钮 SB，则主接触器 KM 的线圈构成闭合回路接电而将其主触头吸合，遂将起重机总电源接通。

2) 起重机电源接通的自锁原理。在按下启动按钮 SB 接触器吸合接通总电源同时，接触器 KM 的常开联锁触头 KM1 和 KM2 亦随之闭合，遂将包括各机构限位器常闭触头在内的②号电路与①号电路并接于控制回路中，故当启动按钮 SB 脱开使①号电路分断后，因有②号电路取代①号电路并与③号电路串联而使接触器 KM 线圈持续通电吸合，故其主、副触头保持闭合状态，使起重机总电源保持接通状态，从而实现起重机供电联锁作用。这时，扳动起重机各机构控制器手柄置于工作位置，则起重机即可产生相应动作。由于各机构限位器触头接在②号电路中，故可起到相应的限位保护作用。

3）零压保护。如上所述，起重机总电源为保护柜中主接触器的通断所控制，当电源供电电压较低时（低于额定电压的85%），因电磁拉力小，主接触器 KM 的静铁心不能吸合动铁心，故其主、副触头不能闭合，即不能合闸（或工作时掉闸），从而可实现零压保护。

4）零位保护。从图 6—9 可知，①号电路中各控制器零位触头 SCH0、SCS0、SCL0 任一个不闭合（即其控制器手柄置于工作位置时），按下启动按钮 SB，控制回路因在此处分断而不能形成闭合回路，无法使接触器通电吸合，故起重机不能启动。这就避免了在控制器手柄置于工作位置时接通电源而发生危险动作所造成的危害。故对起重机起到零位保护作用。

5）各电动机的过载和短路保护。在控制回路的③号电路中串有总过电流继电器和保护各电动机的过电流继电器常闭触头，当起重机因过载、某电动机过载、发生相间或对地短路时，强大的电流将使其相应的过电流继电器动作而顶开它的常闭触头，使接触器 KM 的线圈失电、导致起重机掉闸（接触器释放），从而实现起重机的过载和短路保护作用。

6）各机构的限位保护。起重机启动且按钮 SB 脱开后的控制回路原理图如图 6—10 所示。此时②号电路取代①号电路而接入控制回路中，保持主接触器持续通电吸合。当某机构控制器手柄置于工作位置时，如起升机构吊钩上升，此时的控制回路原理图如图 6—11 所示。这时起升控制器上升方向联锁触头 SCH1 闭合（下降方向联锁触头 SCH2 断开），只串有上升限位器 SQH 常闭触头的这一分支电路与 L2（V2）相接而使主接触器通电闭合，当吊钩升至上极限位置而将上升限位器 SQH 常闭触头撞开时，则控制回路断开而使主接触器 KM 线圈失电释放，导致主回路断电，电动机停止运转，吊钩停止上升，起到上升方向的限

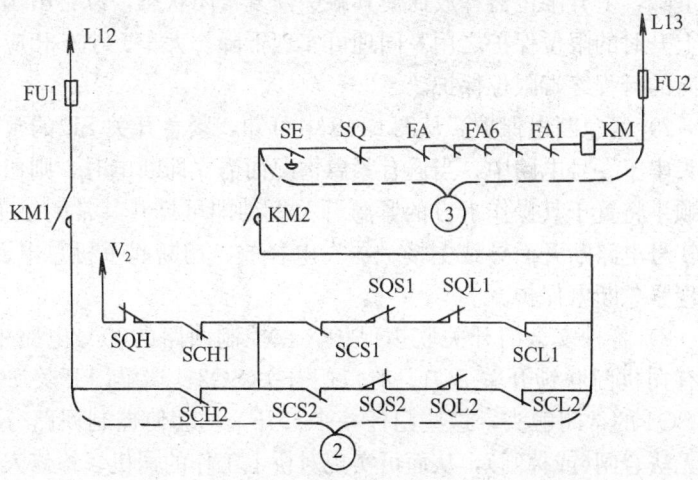

图 6—10　起重机启动后的控制回路原理图

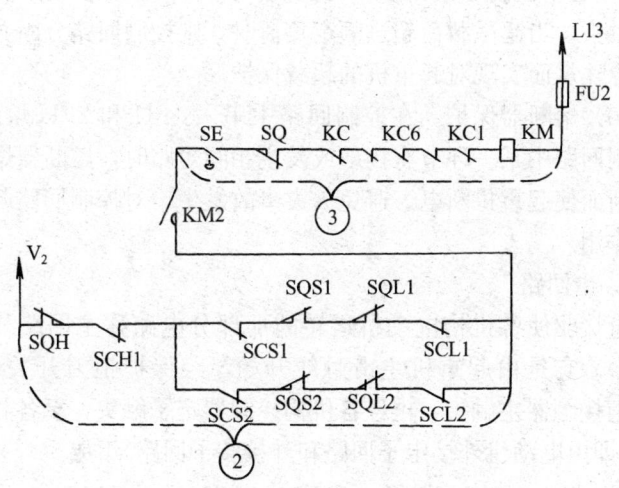

图 6—11　吊钩上升时的控制回路原理图

位保护作用。如欲使吊钩下降，重新工作，则必须将各机构控制器手柄复位回零，重新启动。起升控制器手柄扳向下降方向，吊钩下降,上升限位器释放而使其触头恢复常闭状态,以备吊钩再次上升时的限位保护之用。同理可实现下降、大车、小车相应各方向的行程终端限位保护。

7) 紧急断电保护。从图 6—9 中可知,紧急开关 SE 的常闭触头串于③号电路中,当遇有紧急情况而需立即断电时,则司机可顺手将置于其操作下方的紧急开关扳动即可打开其常闭触头,使③号电路断开而导致主接触器失电释放、切断起重机总电源,实现紧急断电保护。

8) 各种安全门开关联锁保护。在控制回路的③号电路中,串有司机门联锁开关 SQ1、舱口门开关 SQ2、端梁门开关 SQ3 和 SQ4 的常闭触头,这些门任一个打开,均会使控制回路分断而无法合闸(或掉闸),从而可实现对桥上工作的司机、检修人员的保护,免受起重机意外的突然启动所造成的危害。

9) 起重机的超载保护。在控制回路中,串入超载限制器的常闭触头,当起吊载荷超过额定负荷时,则控制回路分断并切断总电源,从而实现对起重机的超载保护。

10) 熔断器保护。在控制回路中串入 1FU 和 2FU 熔断器,当控制回路中某一环节有接地或发生相间短路时,熔断器熔丝立即熔断而使起重机断电、避免火灾事故发生、对控制回路起短路保护作用。

3. 主回路

直接驱使各机构电动机运转的那部分电路称主回路(见图 6—12)。它是由起重机主滑触线开始,经保护柜刀开关 1QS、保护柜接触器主触头,再经各机构控制器定子触头,至各相应电动机(即由电动机外接定子回路和外接转子回路)组成。

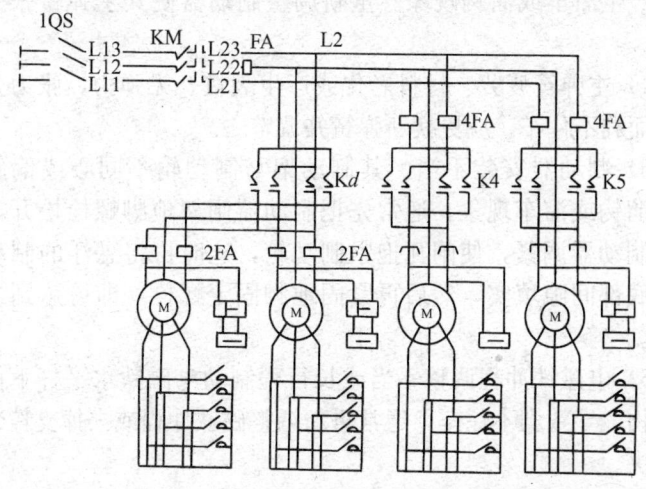

图 6—12 分别驱动桥式起重机主回路原理图

第七节 桥式起重机的常见故障及其排除方法

下面就从机械、电气和金属结构三方面阐述桥式起重机常见的故障及其排除方法。

一、机械传动方面的常见故障

1. 制动器刹车不灵（制动力矩小，起升机构发生溜钩现象）

在运行机构中发生溜车现象。其原因分析及其解决方法叙述如下。

1）制动轮表面有油污、摩擦系数减小导致制动力矩减小故刹不住车。可用煤油或汽油将表面油污清洗干净即可解决。

2）制动瓦衬磨损严重、铆钉裸露，制动时铆钉与制动轮表面相接触，不但降低制动力矩刹不住车而且又拉伤制动轮表面，危害较大。更换制动瓦衬即可。

3）主弹簧调整不当，张力小而导致制动力矩减小、刹不住车而产生溜车或溜钩现象。重新调整制动器使其主弹簧张力增大。

4）主弹簧疲劳、材料老化或产生裂纹、无弹力、张力显著减小而刹不住车。应更换新弹簧并调整之。

5）制动器安装不当、其制动架与制动轮不同心或偏斜而导致溜钩或溜车现象。通常先把制动器闸架地脚螺栓松开，然后将制动器调紧，使闸瓦抱紧制动轮，这时再将悬浮的制动器闸架底部间隙填实，然后再紧固地脚固定螺栓，即可达到二者同心。

6）电磁铁冲程调整不当或长行程制动电磁铁水平杆下面有支撑物，导致刹不住车。通常重新调整磁铁冲程或去掉支撑物即可解决。

7）液压推动器的叶轮转动不灵活，导致刹车力矩减小。调整叶轮消除卡塞阻力，使叶轮转动滑块即可解决。

2. 制动器打不开

导致制动器打不开的原因及其排除方法有以下几种：

1）主弹簧张力过大、电磁铁磁拉力小于主弹簧的张力，故打不开闸。重新调整制动器，使主弹簧张力减小即可。

2）制动器杠杆传动系统有卡住现象，松闸力在传递中受阻，故打不开闸。检查传动系统，消除卡塞现象即可解决。

3）制动器制动螺杆弯曲，螺杆头顶碰不到磁铁动铁心，故无法推开制动闸瓦。拆开制动器，取下螺杆将其调直或更换螺杆即可。

4）制动瓦衬胶黏在有污垢的制动轮工作面上。清除制动轮表面上的污垢即可解决。

5）电磁铁线圈被烧毁或其接线折断、制动电磁铁无磁拉力所致。更换制动线圈或接通线圈接线即可。

6）液力推动器的叶轮卡住。清除叶轮卡塞故障即可。

7）线路电压降过大，导致制动电磁铁线圈电压低于额定电压的 80%、磁铁磁拉力小于主弹簧的张力,故打不开闸。清除电压降的原因,恢复正常电压值即可解决。

3. 制动器工作时,制动瓦衬发热,"冒烟",并有烧焦味道产生,瓦衬迅速磨损

1) 制动瓦衬与制动轮间的间隙调整不当、间隙过小、工作时瓦衬始终接触制动轮工作面而摩擦生热所致。重新调整瓦衬与制动轮间的间隙,使其均匀且在工作时完全脱开,不与制动轮接触即可。

2) 短行程制动器的副弹簧失效,推不开制动闸瓦,使闸瓦始终贴于制动轮表面上工作,长期摩擦生热所致。更换副弹簧且重调制动器即可。

3) 制动器闸架与制动轮不同心,制动瓦边缘与制动轮工作面脱不开而摩擦生热所致。重新安装制动器,达到同心要求即可。

4) 制动轮工作表面粗糙、制动瓦衬与制动轮不符、制动不良所致。重新光整制动轮或更换制动轮即可。

4. 制动器的制动力矩不稳定

1) 制动轮不圆度超差,径向脉动较大,在制动过程中周期性的碰撞制动闸瓦而导致制动力矩的变化。

重新车制制动轮使其达到技术要求或更换合格的制动轮即可。

2) 制动器闸架与制动轮不同心,制动时制动轮冲撞制动瓦所致。重新安装并调整制动器闸架即可。

5. 机构运转时,减速器在桥架上振动

1) 减速器底座地脚螺栓松动,紧固不牢所致。紧固地脚螺栓将其固牢即可。

2) 减速器输入轴与电动机轴不同心或减速器输出轴与所带动工件轴不同心,均会导致减速器在运转时机身颤抖。重新调整减速器,使其达到同心度的要求即可消除振动。

3）减速器底座支撑钢结构刚度差，在工作时产生变形而发生振动现象。加固支撑架提高其刚度即可。

6. 小车呈"三条腿"运行状态

所谓三条腿就是小车有三个车轮与小车轨道接触，有一个车轮悬空。通常有以下两种情况。

1）小车在桥架任何位置上总是有一轮悬空。其原因及排除方法有如下几种：

①此轮制造不合格，直径小超出允差范围，故在车架安装轴线处于同一水平面上的条件下，此轮悬空。

更换此轮即可解决或调整该轮轴安装位置，使其向下移动，消除悬空现象。

②车轮直径均合格，只是车轮安装精度差、四车轮轴轴线不处于同一水平面上，此轮轴线偏高，故而出现悬空现象。将悬空轮轴线下移，使之四车轮轴线处于同一水平面上即可解决。

③小车架制造不合要求或发生变形，此悬空角产生"翘头"现象。矫正小车架，消除翘头现象，达到合格要求即可彻底解决。

2）小车在桥架某一或两三个位置出现"三条腿"现象，在其他位置正常。其原因是：

①同一断面两主梁标高差超出允许范围，致使置于标高低的主梁上方的车轮悬空。

②小车轨道安装质量差，同一断面两轨顶标高差超出允许范围。通常用调整小车轨道，使该断面两小车轨顶标高一致或在允差范围内即可解决。

7. 小车运行时发生打滑现象

1）轨道顶面有油污或砂粒等，室外工作有冰霜等。

2）车轮安装质量差，有悬空现象，特别是主动轮有悬空者或轮压小。调整车轮的安装位置，增大主动轮轮压即可。

3）同一截面内两小车轨顶标高差过大，造成主动轮轮压相差过大。调整小车轨道使之达到安装标准即可。

8. 小车启动时车身摇摆，振动较甚

小车运行电机为鼠笼式电动机时，由于其启动过猛，在主动轮轮压不均或有一轮悬空时，即发生这种现象。

调整车轮安装精度或调整小车轨道使之达到安装标准即可解决。

9. 大车运行时车轮轮缘啃道（车轮轮缘磨损严重、甚至有时出轨掉道）

导致大车啃道的原因有如下多种。

1）车轮制造不合格，特别是两主动轮直径相差较大，造成大车两侧线速度不等，使车体走斜所致。在测得主动轮直径差后，拆下大者重新车制，使其与另一车轮直径相等，安装后即可解决。

2）两侧传动系统中传动间隙相差过大，致使大车在启动时不同步，导致车体走斜而啃轨。制动时亦由于间隙相差过大而使大车斜置造成啃道现象。检查两侧传动系统，消除过大间隙，使两侧传动均达到技术要求即可解决。

3）大车车轮安装精度不良，质量不符合技术要求，特别是车轮在水平方向倾斜而引导大车走斜，啃道现象极为严重。

检查测量车轮安装精度，找出水平偏斜的车轮并重新调整，使其水平偏差小于 $l/1\,000$（l——测量弦长）即可。

4）桥架结构产生变形，引起大车对角线超差，出现菱形而导致大车车轮啃道。检查测量两大车对角线相对差状况，确定矫修方向，通常用火焰矫正法矫修桥架，使大车对角线允差符合技术要求。有时亦可采用调整车轮位置以达到大车对角线相对差符合技术标准。

5）大车轨道安装质量差，如标高相差过大，跨度超出允差等，亦会导致大车啃轨，调整大车轨道，使之达到安装标准。

6）分别驱动时两端制动器调整不当，特别是有一端制动器未安全打开时，两侧阻力不一致，造成车体走斜而啃道。调整两端制动器，使其在运行时完全打开，制动时两端制动力矩均等即可。

7）两侧电动机转速不同，导致两侧线速度不等，应更换电动机达到同步即可。

8）轨道顶面有油污、冰霜、杂物等，也是引起大车啃道因素之一。清除油污、冰霜、杂物等即可。

二、电气传动方面常见故障

1. 电气设备常见故障

(1) 电动机在运转过程中均匀过热

1）电动机接电持续率与机构实际工作类型不符，因超载使用而发热。应更换与实际工作类型相符的电动机。

2）电源电压偏低情况下运转。当电压较低时应停止工作，以防烧毁电动机或出事故。

3）机械传动系统中有阻塞传动不畅现象，阻力增大使电动机发热。检查机械传动系统，消除不同心等传动不畅故障点即可解决。

(2) 电动机在运行时振动

1）电动机轴与减速器轴不同心。调整电动机与减速器的同心度，使之达到技术标准，传动附加阻力自然消失。

2）电动机轴承损坏，导致电动机轴线倾斜而增大运行阻力。拆解电动机，更换新轴承即可。

3）电动机转子变形，严重时与定子相接触，即产生"扫膛"现象而导致电动机发热、振动。拆检电动机，将转子调直或更换电动机转子即可。

(3) 控制器在扳转过程中有卡住现象

1）触头接触不良，打火而将触头焊住。用细锉锉平触头接触面，确保触头接触良好即可。

2）控制器定位机构发生故障。检查并修理定位机构即可。

（4）控制器触头烧蚀严重

1）动、静触头接触不良，开闭时经常打火而烧损触头。修整触头，调整触头间的压力，使其接触良好即可。

2）控制器容量不够，过载所致。通常应更换容量大一级的控制器即可。

3）相间有短路处，强大的短路电流将触头烧蚀。用万用表检查电路，找出短路故障点并消除之。

（5）交流接触器线圈产生高热

1）线圈过载。减小动触头的压力即可解决。

2）动、静铁心极面闭合时接触不良，存有间隙，致使线圈过载而发热。消除极面存有间隙的因素，如弯曲、卡塞或极面有污垢等。

（6）接触器工作时声响过大

1）接触器线圈过载。

2）动、静磁铁极面脏污。

3）静、动磁铁相对位置错位，磁路受阻所致。

对以上情况可通过调整动、静铁心的位置，使磁路畅通，清洁磁铁极面的方法解决。

4）动磁铁转动部分有卡塞现象，转动时不灵活。对磁铁转动部位（销轴及孔）加油润滑，消除附加阻力，使其转动灵活。

（7）接触器闭合动作迟缓

一般是由于动、静铁心极面间距过大所致。调整极面间距即可解决。

2. 电气线路故障

起重机的电气线路故障比较多，为了迅速排除故障、减少修机时间，要求维修人员和司机必须熟悉起重机的全部线路工作原理、电气设备及电气元件性能、作用及其安装位置。当事故发生时，应根据故障现象来判断故障可能发生的部位在哪里，并运用电气仪表和工具按电传动顺序逐步进行检查，最后找到发生故障的部位，采取措施予以解决。下面阐述常见线路故障及其排除方法。

1) 推合保护柜的三相刀开关，按下启动按钮，控制回路熔断器熔丝熔断。通常是由于熔断相接地短路所致。应用电气仪表查找接地部位并消除之。

2) 推合保护柜刀开关，按下启动按钮，起重机主接触器不吸合（俗称合不上闸不能启动）。出现下列情况任一种，均不能启动（见图 6—9）。

①电路无电压。
②控制回路熔断器熔丝 1FU 或 2FU 熔断。
③各控制器手柄有不置于零位者。
④紧急开关 SE，各安全联锁开关 SQ1、SQ2 有未闭合者。
⑤各过电流继电器常闭触头 KC1、KC2…KC4 有未闭合者。
⑥主接触器 KM 线圈烧断或其接线折断。

按线路逐步检查，即可找到天车不能启动的原因并消除之。

3) 起重机启动后，按钮 SB 脱开后不能自锁，接触器释放（俗称掉闸）。通常是由于接触器联锁触头 KM1 或 KM2 接触不良，未能将②号电路接入控制回路中以取代①号电路所致。

调整联锁触头 KM1 和 KM2 的弹簧压力，使其保持接触良好即可解决。

4) 起重机在运行时经常发生主接触器释放（俗称大车"掉闸"现象）。出现下列情况之一均可使起重机"掉闸"。

①大车过电流继电器整定值调得偏小，大车工作时过电流继电器经常动作所致。
②大车滑触线安装不良、尘垢太多或有锈皮绝缘处，导致起重机电流引入器的集电托经常脱开供电滑线所致。
③起重机轨道安装不良，轨道接缝间隙过大，起重机运行时产生振动，使集电托瞬间脱开天车滑线所致。
④舱口门或司机门关闭不牢，起重机运行时产生振动而使这

些门开关常闭触头有瞬间脱开者所致。

⑤各机构及总过电流继电器的常闭触头有因振动而瞬间跳开者所致。

⑥主接触器自锁触头 KM1 和 KM2 接触不牢,有时因振动而瞬间脱开。

5) 当开动某机构运行时,起重机就"掉闸"。

①保护该机构电动机的过电流继电器整定值偏小,当开动电动机工作时,该继电器动作而使控制回路断电导致起重机"掉闸"。

②该机构电动机电源线有相间短路或相对地短路者,短路电流使继电器动作而断电。

③该机构有卡塞现象,导致阻力增大,使电动机电流增大而使继电器动作。

6) 某机构终端限位器动作后,起重机不断电,机构继续运转。

①终端限位器线路中发生短接而使限位器失效。检查线路,清除短接点,使限位器常闭触头串入控制回路中即可解决。

②限位器接线错乱,控制方向错误。应重新正确接线。

7) 起重机启动后,只有大车运行机构能运转,起升机构和小车运行电动机不动作。

通常是由于小车电流引入器的集电托与小车滑触线接触不良或其接线折断,造成此两机构电动机缺相所致。

检查集电托与滑线接触不良处或接通接线即可清除缺相故障。

8) 大车集中驱动时,大车电动机不工作,其他机构工作正常。

①大车过电流继电器线圈或其接线断开而造成大车电动机缺相所致。

②电动机定子绕组或其接线有断路处。

③大车控制器定子触头接触不良而造成电动机缺相。

检查电动机不工作原因后，采取相应措施解决之。

9) 大车分别驱动时，大车电动机不工作，其他机构工作正常，通常是由于由保护柜主接触器主触头至控制器定子触头的接线有断路处所致。应仔细检查电路的断路处并接通之。

10) 某机构电动机不工作（其他机构工作正常），或电动机转矩很小，轻载时也启动困难，经检查其定子回路正常，那么其故障一般发生在转子回路内。

①转子绕组引出线有接地处，或者由于其和滑环连接的铜片在90°弯角处断裂，造成转子回路有断开处。检查故障点并消除之。

②滑环和电刷接触不良，碳刷烧损严重；碳刷架的弹簧压力不够；碳刷引线折断或接线螺栓松动。

检查接触不良处或更换电刷，调整弹簧压力，拧紧接线螺栓，即可解决。

③集电滑块（集电托）与滑触线接触不良。

④集电滑块接线折断。

⑤电阻元件有断裂处或电阻接线折断。

⑥凸轮控制器转子回路触头烧损严重接触不良所致。

分别检查清楚，找出故障点并解决之。

三、金属结构部分常见故障

桥式起重机金属结构部分的常见故障主要有主梁下挠，主梁旁弯及腹板波浪几种。下面就主梁下挠原因及其修复方法作简要介绍。

1. 主梁下挠的原因分析

（1）主梁结构应力的影响

箱形主梁主要是由钢板拼焊而成的，在焊接过程中产生结构内应力，在承载时与外加应力叠加后会使结构的局部应力超过金属材料的屈服限而产生的局部的塑性变形，从而使整个主梁产生永久变形，导致主梁上拱度消失而下挠。

(2) 长期超载使用的影响

主梁长期超载使用，使主梁的局部应力总是处于屈服极限状态，多次的弯曲拉伸变形而导致主梁的"疲劳"，以致主梁抵抗变形的能力越来越差，在载荷作用下，主梁下挠变形日益发展，最终导致主梁严重下挠或断裂。

(3) 热效应对主梁的影响

在主梁的上盖板处进行气割、烤火、焊接作业当其冷却收缩后都将使主梁产生下挠，在走台板一侧加热将使主梁产生向内弯曲。

(4) 其他方面影响

起重机在运输中受到冲撞、存放及其支撑位置不当等，亦可使主梁产生永久变形。

2. 主梁下挠的修复

修复步骤如下。

1) 测量主梁变形并绘制主梁变形曲线图。

2) 确定主梁修理方案，下位修理还是原地空中修理，采用后者应搭脚手架，以便施工并确保安全。

3) 制定矫修工艺，确定加热烘烤部位及加热烘烤顺序。

4) 将主梁于跨中部位顶起（见图6—13），并在主梁下挠凸起面加热烘烤，在火焰矫正过程中，应经常测量主梁拱度修复状况，以防矫正过度。

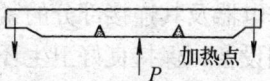

图6—13 主梁矫修示意图

5) 主梁矫修后，通常采用加固方法，以巩固矫修效果。一般采用于主梁下盖板下面用槽钢焊接成U形箱形小梁。有时也有采取沿主梁下方张拉钢筋而使主梁拱起的方法来巩固矫修成果。

第八节 起重机的维护

起重机的运行状态直接关系到人身及设备安全。因此,做好起重机的管理和维护工作是确保安全运行的重要环节之一。

一、桥式起重机的检查制度

为确保起重机的安全运转,首要任务是做好起重机的检查工作。应建立如下检查制度:

1. 日检

该项与司机交接班制度结合进行,主要由交接班的司机共同对起重机的重要机、电零部件,如吊钩、钢丝绳、各机构制动器、控制器、各机构限位器及各种安全开关动作是否灵敏可靠等进行检查。并于下班前 15 分钟时间进行清扫设备,保持良好的卫生环境。

2. 周检

由操纵该起重机的几位司机在每周末共同对起重机进行一次全面检查,包括对各机构传动零部件,保护柜的各电器元件,操作电器及其连接部分的紧固状况,逐个进行检查。检查完毕后清扫设备,保持良好卫生环境。

3. 月检

起重机司机与维修人员(电、钳工)共同对起重机进行检查,包括对各机械传动机构、电气设备及电气装置、桥架结构进行检查,对各主要机、电零部件进行拆解详尽检查,对存在的破损件应及时更换,对于尚未达到报废标准还能工作的机、电部件应制订预修计划,为下一期检查保养工作做好准备。

4. 半年检查

可与起重机的一级保养结合起来进行,司机与修理人员共同进行,在全面拆检整台起重机的同时,对起重机各部分进行维护和保养，完成预期安排的机、电修理工作，以确保起重机的机械、电气和金属结构处于完好状态。

5. 年度检查

可与起重机的二级保养结合起来进行，除半年检的全部内容外，还应检查金属构件有无裂纹、焊缝有无锈蚀；大、小车轮磨损状况；测量大车跨度及大车轨道跨度差；测量主梁的静挠度并进行静、动负荷试车；对起重机进行全面润滑。

二、做好桥式起重机的润滑工作

对桥式起重机各部位的定期润滑，是起重机维护保养工作的重要组成部分，它对保证起重机经常处于良好的运行状态，延长起重机和零件的使用寿命，提高生产效率和确保安全生产具有重要的作用。

三、桥式起重机的维护修理制度

对起重机除定期检查和定期润滑保养外，还必须对起重机进行维护和修理。

1. 修理性质

（1）事故性修理

一般是指在日常检查和维护时未能发现而突然出现的机件损坏事故。对于这种突发性的机件损坏，必须停机检修。它不仅影响生产，而且危害性极大，有时会造成人身或设备事故的发生。因此要求检查制度必须健全，计划预修要有科学性。随着管理水平的提高，维护修理制度的完善，即可把这种突发性事故发生几率降低到最低限度，乃至于消灭。

（2）预见性修理

预见性修理往往与对起重机的检查和维护保养工作结合起来进行，通常是在前一期检查和保养时发现了零部件出现问题或征兆，有破损趋势，在不影响安全生产的前提下，可在两相邻检查保养间隔期内，做好零部件的准备工作，在进行下一周期的检查和保养时予以更换解决。

(3) 计划性修理

计划性修理是维护保养好起重机的中心环节,根据起重机的工作状况,各种机构的负荷情况,对起重机的保养修理内容和时间作出计划,并按计划实施,我国目前尚无统一的计划性修理制度,有的采用小修、中修和大修理三级修理制度,有的采用一级保养、二级保养和大修理的修理制度。下面就目前普遍采用的一级保养、二级保养和大修理三个修理内容作简要介绍。

1) 一级保养维护内容

①对整台起重机的机械传动部分,电气设备部分和金属结构等三大部分进行全面检查。

②对所有润滑点按各自的润滑周期进行清洗、换油润滑。

③对个别零部件的拆检,更换或修理。

④对某些电器元件的修理或更换。

⑤对于有破损趋势的机、电零部件,应作为可预见性修理内容做好技术准备工作,以便在下一周期修理时进行。

2) 二级保养维护内容

①包括一级保养维护的全部内容。

②对工作频繁、负荷较大的机、电部件进行拆检、清洗、修理或更换并润滑。

③按计划把前一期做好技术准备的机、电部件进行更换。

④对起重机电气线路进行全面检查、更换部分老化接线和破损电器元件。

3) 大修理内容

①机械部分的各机构全部分解,包括减速器、联轴器、卷筒组、车轮组及取物装置等部件,更换损坏件和已达到报废标准的零部件,清洗后重新装配并加油润滑。更换钢丝绳、各机构制动器及其打开装置。

②各机构电动机应进行分解、烘干、组装并加油润滑。更

换破损严重的电动机。更换各机构制动器的打开装置；更换各机构之破损的凸轮控制器；检修保护柜或更换保护柜；更换全部线路的接线，重新配线安装；更换照明信号系统的控制板等。

③金属结构部分。对已出现下挠或旁弯的主梁进行矫正修理并加固；对整台起重机全部清洗干净并涂漆两遍加以保护。

经大修理后的起重机要进行调试，然后按静、动负荷试车程序进行鉴定，合格后方可投入生产使用。

第九节 桥式起重机安全操作规程

一、对司机操作的基本要求

起重机司机在严格遵守各种规章制度的前提下，在操作中应做到以下五点。

(1) 稳

司机在操作起重机的过程中，必须做到启动、制动平稳，吊钩、吊具和吊物不游摆。

(2) 准

在操作稳的基础上，吊钩、吊具和吊物应准确地停在指定位置上方降落。

(3) 快

在稳、准的基础上，协调相应各机构动作，缩短工作循环时间，保证起重机不断连续工作，提高生产效率。

(4) 安全

确保起重机在完好情况下可靠有效地工作，在操作中，严格执行起重机安全技术操作规程，不发生任何人身和设备事故。

(5) 合理

在了解掌握起重机性能和电动机的机械特性的基础上，根据吊物的具体状况、正确地操纵控制器并做到合理控制。

二、总则

1) 年满 18 周岁的男女工人,经身体检查合格,受过专门的安全教育和操纵起重机的专门培训,在老工人带领下,实习一年期满,经劳动局培训考试合格,取得特殊工种操作证者,方可独立操纵起重机投入工作。

2) 司机应具有对起重机全部机构及装置的性能和用途以及全部电气设备常识,要具有对全部机构的操作维护知识和实际操作技能,并熟悉各种起重指挥信号含义。

3) 司机操作时不准吸烟、吃东西、看书报等,应严格遵守劳动纪律。

三、司机在工作前的职责

1) 严格遵守交接班制度,做好交接班工作。

2) 对起重机作全面检查,在确认一切正常后,即推合保护柜总刀闸,对各机构进行空车试运转几次,仔细检查各安全联锁开关及限位开关动作的灵敏可靠性,并记录于交接记录本中。

四、司机在操作工作中的职责

1. 在下列情况下,司机应发出警告信号

1) 起重机启动后即将开动前。

2) 靠近同层其他起重机时。

3) 在起吊下降吊物时。

4) 吊物在吊运中接近地面工作人员时。

5) 起重机在吊运通道上方吊物运行时。

6) 起重机在吊运过程中设备发生故障时。

2. 不准用限位器作为断电停车手段。

3. 严禁吊运的货物从人头上方通过或停留,应使吊物沿吊运安全通道移动。

4. 操纵电磁吸盘或抓斗起重机时,禁止任何人员在移动吊物下面工作或通过,应划出危险区并立警示牌,以引起人们重视。

5. 起重机司机要做到"十不吊"
1) 指挥信号不明确或违章指挥不吊。
2) 超载不吊。
3) 工件或吊物捆绑不牢不吊。
4) 吊物上面有人不吊。
5) 安全装置不齐全或有动作不灵敏、失效者不吊。
6) 工件埋在地下、与地面建筑物或设备有钩挂不吊。
7) 光线隐暗视线不清不吊。
8) 棱角物件无防切割措施不吊。
9) 斜拉歪拽工件不吊。
10) 六级以上强风不吊。

五、司机在工作完毕后的职责

起重机工作完毕后应遵守的规则：
1) 应将吊钩升至接近上极限位置的高度，不准吊挂吊具、吊物等。
2) 将起重小车停放在主梁远离大车滑触线的一端，不得置于跨中部位；大车应开到固定停放位置。
3) 电磁吸盘和抓斗起重机，应将吸盘或抓斗放在地面上，不得在空中悬吊。
4) 所有控制器手柄应回零位，将紧急开关扳转断路，拉下保护柜刀开关，关闭司机室门后下车。
5) 露天工作的起重机的大、小车，特别是大车，应采取措施固定牢靠，以防被大风吹跑。
6) 司机在下班时应对起重机进行检查，将工作中发生的问题及检查情况记录在交接记录本中，并交给接班人。

第十节 桥式起重机的操作

一、起升机构的安全操作

起升机构是起重机的核心机构,它的工作好坏是保证起重机能否安全运转的关键。作为起重机司机,为了防止起重机在实际操作中发生危险事故,必须很好地掌握起升机构的操作要领。归纳有以下几点:

1) 司机在交接班过程中和日常使用过程中,应仔细检查与天车安全运转直接相关的重要零部件的完好状况,如钢丝绳、吊钩和各机构制动器等,发现问题必须及时解决。

2) 每天或每班第一次工作前,必须进行负荷试吊,即将额定负荷的重物提升离地面 0.5 m 的高度,然后下降以检查起升制动器工作的可靠性。

3) 在起吊载荷时,必须逐步推转控制器手柄,不得猛烈扳转直接用第 5 挡快速提升吊物。

4) 天车由起吊位置在到达吊运通道前的运行中,吊物应高出其越过地面最高设备 0.5 m 为宜。当吊物到达通道后,应降下吊物使其以离地面 0.5 m 的高度随车移运。严禁从人的上方或不沿通道运行。

5) 在某些场合下,吊物必须通过地面作业人员所在的上空时,司机必须连续发出警铃信号,待地面人员安全躲开后,方可开车通过。

6) 当吊物到达指定的停放位置时,吊物必须准确对正指定位置后方可开动起升机构落钩。落钩下降吊物时,可根据具体情况采取相应的操作方法:重载时可采用上升第 1 挡以反接制动方式使吊物缓慢下降;对于中载以下的吊物可采用下降第 5 挡,即电阻全部切除的最慢下降速度挡下降吊物,严禁快速下降,使吊物平稳着地,待指挥人员发出吊物放置稳妥安全信号后,方可落绳脱钩。

7) 没有上升限位器或上升限位器工作失效，在未修复前不准开车运转，以防止钩头碰撞定滑轮而造成绳断钩头坠落事故的发生。

二、大、小车运行机构的安全操作

吊钩的移动是靠大、小车运行机构来完成的，在移动过程中，保证吊物不游摆，做到起车稳、运行稳、停车稳而准确是对运行机构操作的基本要求，为此，司机应做到以下几点：

1) 司机必须熟悉大、小车的运行性能，即掌握大、小车的运行速度及制动行程。

2) 工作前应检查制动行程是否符合安全技术要求，如不符合则应调整制动器，使之符合（6—10）式和（6—11）式的规定。

3) 在开动大、小车时，应逐步扳转控制器手柄，逐级切除电阻，在 10～20 s 内使大、小车由零达到额定速度，以确保大、小车运行平稳，严禁猛烈启动和加速。

4) 由于吊物是用挠性的钢丝绳与车体连接的，当开动大、小车时，吊物的惯性作用，必然会滞后于车体而产生游摆趋势。反之，当停车时，车体在机械制动下停止而吊物却因惯性作用仍向前运动，同样会产生吊物的游摆，为此要求司机应做到起车稳、运行稳和停车稳的"三稳"操作。

①起车稳。大、小车启动后先回零位一次，当吊物向前游摆时，迅速跟车一次，即可使吊物当其重力线与钢丝绳均处于铅垂位置时达到与车体同速运行而消除游摆。

②运行稳。在大、小车运行中如发现吊物有游摆现象，则可顺着吊物的游摆方向，顺势加速跟车，使车体跟上超前的吊物，以使其达到平衡状态而消除游摆。

③停车稳。在大、小车将到达指定位置前，应将控制器手柄逐步拉回以使车速逐渐减慢，并有意识拉回零位后再短暂送电跟

车一次，使吊物处于平衡而不游摆状态，然后靠制动滑行停车。

5）司机在正式开车工作前，应对吊运工艺路线、指定位置及其周围环境了解清楚，并根据车速大小、运行距离、选择适宜的操作挡位及跟车次数、尽量避免反复地启动、制动，不但能保证大、小车运行平稳，而且也可使起重机免受反复启、制动的损害。

6）严禁打反车制动，需要反方向运行时，必须待控制手柄回零车体停止后再向反方向开车。

三、起升机构制动器失效的突发事故操作

在某些场合下，由于天车管理混乱、检查、维护不善，以致在起升机构工作中，其制动器主要构件，如主弹簧断裂或闸瓦脱落等，会造成制动器失效，即司机将控制器手柄回零时，却发生悬吊的重物自由坠落而高速下降的危险事故。

对于这种预先毫无思想准备突发的异常危险故障，司机切不可惊慌失措，必须保持镇静、头脑清醒。司机必须果断地把控制器手柄扳至上升方向第 1 挡，使吊物以最慢速度提升，当欲升至上极限位置时，再把手柄扳至下降方向第 5 挡，使吊物以最慢速度下降，这样反复地操作，以利用这短暂时间的同时，司机可根据当时现场具体情况，迅速开动大车或小车，或同时开动大车和小车把吊物移至空闲场地的上空，然后迅速将吊物落至地面。这种突发危险事故的特殊操作，有以下几点应注意：

1）操作时必须慎重、严防发生误动作和错觉，即把控制手柄回至 1 挡而误为回零，造成制动器假失效感。

2）在发现制动器失效时，立即把控制器手柄置于工作挡位，不能在零位停留而听认重物自由坠落，以延缓吊物落地时间。

3）在利用吊物往返升降时间内开动小车或大车过程中，应持续鸣铃示警、使下面作业人员迅速躲避、为吊物转移工作创造安全有利条件。

4）在开动大车或小车过程中，时刻注意吊物上、下极限位置，上不能碰限位器，下不能碰撞地面设备，都应留有一定的裕度。

5）在这种危险状况下，最关键是严防主接触器失电释放（俗称掉闸），因此在操作起升、大、小车控制器手柄时均应逐步推挡，不可慌张猛烈快速扳转，以防过电流继电器动作而使主接触器释放切断电源，发生吊物自由坠落且无法挽救。

第七章
港口起重机安全技术

第一节 门座起重机

一、门座起重机分类

按门座结构形式不同可分为全门座起重机和半门座起重机两种。所谓半门座就是指起重机的一侧支撑在地面轨道上，另一侧则支撑在厂房外侧的承轨梁的轨道上。

按专用场合不同则可分为：港口用门座起重机、造船用门座起重机和水电站用门座起重机三种。

二、门座起重机的构造及其安全技术

门座起重机的构造分为两大部分，即上旋转部分和下运行部分。

上旋转部分包括：臂架系统、人字架、旋转平台和司机室、机器房。在机器房内安装有起升机构、变幅机构和旋转机构。

下运行部分包括：门座和运行机构。

1. 门座结构及其安全技术

门座结构分为桁架式和钣梁式。由于它承受着全部起重部分的重量及吊重和风载，同时承受着各种运动所产生的惯性力和由此而引起的各种弯矩作用，因此要求它具有足够的刚性和强度。

门座的门洞尺寸，依专用场合有所不同，港口用门座的门洞可通过1~3条铁路路轨，因而有一线门座、二线门座和三线门座的称法。其门座轨距分别为 6 m、10.5 m 和 15 m；船用门座轨距为 6 m、10 m 和 12 m；水电站用门座轨距为 7 m、10.5 m 和 13.5 m。

(1) 门座结构形式

1) 八杆门座。如图 7—1a 所示，它是由顶部圆环结构、中部八根支杆以及下部门座等三部分组成。支杆可由型钢或钢板焊制。门座多为钢板制成的箱形结构。此种门座重量轻、结构简单、制造方便。

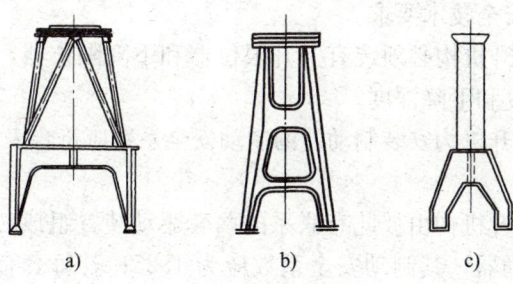

图 7—1 门座结构形式
a) 八杆门座　b) 交叉门座　c) 圆筒门座

2) 交叉门座。如图 7—1b 所示，它是由箱形截面的两片钢架垂直方向交叉组成。顶部是箱形断面的圆环，上面装有圆形轨道及齿轮；中部有一层或两层水平十字梁，用来拉撑四条立腿；上层十字梁可用来装置转柱下支撑座。其特点是门座构件少，刚性好，制造也较简单，但自重较大。

3) 圆筒门座。如图 7—1c 所示，圆筒门座是把整个门座的中间部分，用大直径钢筒代替前两种门座的支杆或箱形结构支腿的上半部。顶面上装有大直径滚动轴承和大齿轮。圆筒内装有电梯和爬梯等。这种门座风阻小，自重轻，外形简单，制造安装均较方便。

(2) 安全技术要求

1) 门座是受力主要构件，对焊接质量要求很高，不得有任何缝隙或气孔。使用时发现缺陷，应立即补修，不得带病工作。

2）各部连接螺栓在安装时要求预紧力均匀。每使用100小时后，要及时检查，发现松动者及时拧紧。

3）要定期检查构件的各条焊缝，有开裂者及时补焊。

2. 起升机构及其安全技术

（1）起升机构

其起升机构与桥式起重机起升机构基本相同，不再重述。

（2）安全技术要求

1）起升机构必须装有上升限位器和下降限位器，用以限制其起升高度和下降深度。

2）起升机构安装制动器的制动安全系数应符合表6—1中的规定值。

3）起升机构由彼此有联系的两套驱动装置组成时，若每套有一个制动器，其制动安全系数应为1.25；若每套有两个制动器时，则每个制动安全系数为1.1。

4）制动时间应在$1 \sim 2$ s内，速度高或工作繁重时取最大值。

5）应安装超载限制器。

3. 变幅机构及其安全技术

门座起重机利用变幅机构来改变货物的径向货位以完成装卸任务。臂架带载进行变幅的称为工作性变幅机构，臂架不带载进行变幅的称为非工作性变幅机构。前者阻力较大，机构比较复杂；后者阻力较小，机构比较简单。为了提高生产效率，门座起重机广泛采用工作性变幅机构。

为尽可能降低变幅机构的驱动功率和提高机构的操作性能，必须采取载荷水平位移措施和臂架自重平衡措施。

（1）变幅时实现载荷水平位移的方法

1）绳索补偿法。这种方法的特点是在变幅过程中，采用补偿滑轮组法，使起升钢丝绳卷绕系统及时地放出或收回一定长度的钢丝绳,以补偿由于起重臂变幅时使吊物产生的垂直运动的距离,从而达到变幅过程中吊物的运动轨迹是一水平线,即载荷水平位移(见图 7—2)。这种方法优点是结构简单,臂架受力好,缺点是钢丝绳长,穿绕滑轮多,只适于小起重量的起重机中。

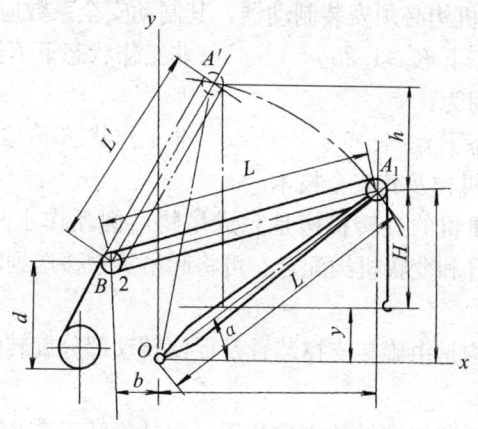

图 7—2　补偿滑轮组工作原理

2)组合臂架法:是依靠臂架的机构和外形设计,实现在变幅过程中臂端移动轨迹为水平线或接近水平线,以满足在变幅过程中吊物走水平位移的要求。

如图 7—3 所示是四连杆式组合臂架图。象鼻梁下端点,在有效幅度范围内,将沿接近水平的轨迹移动。这样,在起升绳不动的情况下,则能保证吊钩实现水平移动。

(2)变幅机构的安全要求

1)变幅机构必须在幅度范围的两终端安装幅度限位器,以限制起重机的最大幅度和最小幅度。

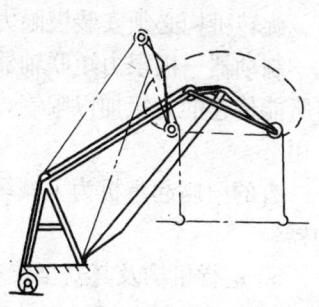

图 7—3　四连杆式组合臂架

2）起重机必须安装幅度指示器，以使司机随时能掌握操作中幅度位置，防止超载作业，避免整机倾翻事故。

3）吊钩在变幅过程中沿非绝对水平线移动时，其高度差值应小于 0.03 m。

4）变幅机构必须安装制动器，其制动安全系数应为：

工作状态下 $K \geqslant 1.25$　　　　非工作状态下 $K \geqslant 1.15$

制动时间为：

工作状态下 $t \leqslant 4 \sim 5$ s　　　　非工作状态下 $t \geqslant 1.5$ s

4. 旋转机构及其安全技术

门座起重机的旋转机构是完成吊物沿圆弧作水平移动的机构。其与起升和变幅机构配合，可将起吊货物移送到幅度范围内的任意部位。

旋转机构是由旋转支撑装置及促使转动部分旋转的驱动装置两部分组成。

旋转支撑装置有转柱支撑装置、定柱旋转支撑装置和转盘式旋转支撑装置三种形式。

旋转驱动装置则有卧式电动机、圆柱及圆锥齿轮传动；卧式电动机、蜗轮减速器直接带动和立式电动机、立式圆柱齿轮减速器或立式行星减速器传动等三种形式。

旋转机构必须安装极限力矩联轴器，且其安装位置为：电动机—制动器—极限力矩联轴器。则机构的负荷可由极限力矩联轴器所能传递的力矩加以限制，还可对旋转机构和金属构件起保护作用。

有的门座起重机为了减缓旋转惯性力和冲击，还装有弹簧缓冲器。

5. 运行机构及其安全技术

门座起重机运行机构是由运行支撑装置、运行驱动装置和安全装置三部分组成。

支撑装置包括均衡梁、车轮、锁轴；驱动装置包括电动机、制动器和减速器。运行机构的安全装置包括夹轨器、缓冲器以及限位开关、扫轨板等。

其安全技术要求有以下几点：

1) 门座起重机不能带载运行。

2) 门座起重机运行制动时间通常为 6~8 s，过短会产生强大的惯性力而使整机振动。

3) 经常检查制动电磁铁，以防传动杠杆卡死、螺栓松动或线圈受潮。如用液压电磁铁，则应经常检查液压油是否充足，是否有泄漏现象。

三、门座起重机的稳定性

门座起重机的稳定性，是指起重机在其自重和外载荷作用下，抵抗翻倒的能力。稳定性不足，会使整机翻倒而造成重大人身和设备事故。由于它的重量大、整体高、倾斜时更可能危及高载货物的船舶和舰艇，因此门座起重机的稳定性是关系到工作人员生命和国家财产的重大安全问题，工作中必须予以高度重视。

门座起重机的稳定性有两种，一为载重稳定性（包括工作状态稳定性和满载稳定性），另一为自重稳定性（也称非工作状态稳定性）。两种稳定性的大小，都以相对倾翻棱边（简称倾翻线）的复原力矩（又称维持力矩）与倾翻力矩的比值来表征。即所谓的"稳定性安全系数 K"。

四、门座起重机安全操作规程

除桥式起重机安全操作规程内容外，补充以下几点：

1) 作业登机前应查看货物行走路线。清除障碍物，货物要离开一般物体 2 m 以上，离开电线 4 m 以外。

2) 松开夹轨器或锚定装置。做好开车前的所有检查工作。

3) 在水中和水泥中的货物或与其他物体绊在一起的货物，不应直接起吊。

4) 吊大面积的物体应用绳牵拉，以免产生摇摆碰撞。

5) 应经常清除梯子、平台和栏杆上油泥、雨水、冰雪等物。

6）工作结束后，拉下电源总开关，上好夹轨器或锚定装置以防被风吹走。

第二节　集装箱起重机

集装箱起重机包括集装箱龙门起重机和集装箱装卸桥。

集装箱龙门起重机分为轨道式集装箱龙门起重机和轮胎式集装箱龙门起重机。目前港口中多采用轮胎式集装箱龙门起重机。

集装箱龙门式起重机有一个专用吊具，吊具多为可伸缩式，根据集装箱大小来调节吊具。

这种起重机有起升机构，小车运行机构、大车运行机构，吊具回转装置和起重机驱动机构。

为使吊具对准集装箱，吊具应能做 $\pm 5°$ 的回转运动。吊具回转装置有双层小车结构，也有整体小车结构。

轮胎式集装箱龙门起重机装有行驶自动控制装置。它包括轨线偏移检测器、轨线控制装置、运行电动机控制装置、司机室内的轨线偏移指示和报警装置。这些装置可以保证轮胎在集装箱堆场上按直线行驶。这类起重机装有一个直角转向装置，可以转弯。它在堆场上行驶时，车轮与集装箱的距离应不小于500 mm，为避免碰箱事故，起重机上安装一个防碰装置，如图7—4所示。当触头1和集装箱接触时，触杆2则绕A点转动，并通过心轴3带动拨叉4转动，拨叉4的叉口便打开线路开关5而切断电源停车，靠弹簧6使开关触点复位。

集装箱的装船和卸船主要依靠集装箱装卸桥来完成。其起重臂上的小车在靠海岸侧伸出距离可达35 m，当船舶行驶时，伸向海侧的起重臂可扬起，这类起重机装有较为齐全的显示装置和安全装置。

防摇系统，在小车停车后5～6 s内，集装箱摆动幅度减小

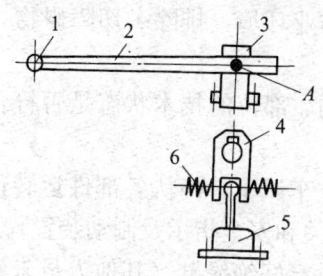

图 7—4 防碰装置
1—触头 2—触杆 3—心轴 4—拨叉
5—线路开关 6—弹簧

到 10 cm 之内。

该起重机不仅装有起升高度限位器,而且还装有高度限速开关。当吊具降到距离码头 7 m 高时减速限位开关动作,当上升和下降速度超过额定速度 115% 时,超速开关动作。

起重臂俯仰限位开关有杠杆式、凸轮式、离心式及无触点式结构。

由于其迎风面积大,且又在海岸工作,故防风措施尤为重要,必须装有可靠的夹轨器及锚定装置。

在起重机运行时,应注意电缆勿被车轮压坏。

第三节 港口起重机的安全操作规程

1. 装卸桥安全操作规程

(1) 作业前规则

1) 做好对机车交接班检查工作,除交接清日常作业中的安全注意事项及措施以外,并做好对起重机下部运行机构的检查工作。

2) 作业前负责把防风楔、夹轨器松开,作业完毕应将防风楔、夹轨器塞好、夹好。

3) 观察周围作业环境，排除一切障碍物（包括防风楔、锚固）。

4) 检查各机构、部位的技术状态是否符合要求，安全装置必须灵敏有效。

5) 作业前要空车试车，确认各部件运转正常有效，方准作业（包括各仪表开关和安全指示及制动装置）。

6) 上下机人员穿好绝缘鞋（其他人员未经主管领导批准严禁上机）。

7) 上机严禁追逐打逗，精神要集中，要抓牢扶手，逐阶上下，防止跌落事故。

8) 上下机人员所带物品、工具必须放在工具袋内背好，较重的物品、工具要用绳子提放，严禁抛投工具或物品。

9) 起重机在作业中，一切人员禁止上下机，如需上下机必须通知司机，待司机停止作业，将车停稳后方可上下机。

10) 使用电梯载人一次不准超过四人，要由一人操作。

（2）作业中规则

1) 按规定顺序操作各手柄、开关按钮和各机构，在放箱时，箱位就位后，打开吊具转锁开关（见指示灯），约5秒钟后再扳转起升手柄，开始用点动方式，当转锁完全出孔后方能逐渐加速起升，吊箱反之。

2) 起吊箱要慢，落放箱要稳、准；箱吊起后或吊具起升后，小车运行要注意高度，以防止与其他障碍物相撞发生事故。

3) 严禁集装箱在人或拖车驾驶室上方通过或停留，同时，在跨度范围内，不准行人或车辆停留，否则不准作业。

4) 不准依靠限位开关停止各机构的运行；司机室内不准站人。

5) 作业中不准调试制动器和保养作业。

6) 不准用电阻烘烤物品和机械的运转部位，不准堆放杂物。

7) 作业中遇突然停电，应将手柄和开关按钮放回零位，司机坚守岗位不准擅自离开。

8) 6 级及 6 级以上大风不准作业。特殊情况作业的须主管领导批准，风力不大于 7 级，作业时间不超过 3 小时并有可靠的安全措施。

9) 无指挥信号，禁止作业和跑大车。

10) 听从指挥，操作中发现可疑情况或停车信号必须立即停车。

(3) 作业后规则

1) 小车停放在与通道对正位置，吊具提升到最高位，俯仰升起，并挂好安全钩。

2) 各手柄、按钮、开关回零位，切断电源，夜间打开航空灯。

3) 离车前应做好起重机的检查工作，清洁卫生，关好所有门窗，锁好司机室门、电梯门。

4) 夹紧夹轨器并放好防风楔，将车停在锚固坑处，做好防风措施。

5) 认真填好运行日志。

2. 集装箱门式起重机操作规程

(1) 作业前规则

1) 检查起重机周围作业环境，排除一切障碍物（包括防风楔）。

2) 按规定的检查项目，检查各机构的技术状况及安全装置是否符合要求。

3) 检查电器装置中各控制开关的位置是否正确。

4) 冬季切断加热电源和外接电源。

5) 进行空载运行，确认起重机的安全装置和限位开关功能是否正常。

6) 在上述检查无误后方能投入正式作业。

(2) 作业中规则

1）按规定顺序操作各手柄、开关及按钮，注意观察各仪表及指示灯是否正常。

2）待吊具闭（开）锁到位指示（灯亮）5 s 后再操作起升手柄，并用点动方式确认锁销与箱孔挂牢（脱开）后，方能逐渐加速起升。

3）起吊要慢，落放要稳，小车运行应注意吊具或吊箱高度；大车运行应观察两侧跑道，防止与堆码箱或其他物体相撞。

4）严禁起吊箱在人或拖车司机室上方通过、停留，否则不准作业。

5）司机室外，起重机上不准站人，检测机械人员应与司机取得联系，并采取相应措施后，方可在机车上进行工作。

6）6级以上（含6级）大风不准作业，特殊情况需经主管领导批准，采取相应的保护措施后，方可进行工作。

7）严禁起重机牵引其他车辆及超负荷吊箱。

8）若突然断电或发现异常现象时，应将手柄回零位并及时通知维修部门检查、修复，不准擅自离开起重机。

9）不准依靠限位开关控制或停止起重机各机构的动作。

(3) 作业后规则

1）将吊具提升到最高位置，各操作手柄回零位，关闭有关的控制电源及机构。

2）轮胎下塞牢防风楔，冬季插好外接电源，保证机油的预热。

3）起重机不得停放在影响其他车辆的行车线上。

4）关好起重机所有的门窗。

(4) 上下机车的规则

1）凡上下机车人员必须穿好绝缘鞋、戴好安全帽，非作业人员未经主管领导的批准严禁上机。

2）上下起重机时应精神集中，双手抓牢扶梯逐阶上下，严禁追逐打逗。

3)所携带物品、工具应放在工具袋内背好,较重物品、工具应用绳子提放,严禁上下抛接物品及工具。

4)严禁一切人员在起重机作业中进行上下,如需上下必须通知司机,待司机停止作业将车停稳后方可上下。

第八章
流动式起重机安全技术

第一节　流动式起重机的分类和构造

流动式起重机是指在带载或空载情况下，能在无轨道路或专用轨道行驶，机体靠重力保持稳定的臂架型回转起重机。它具有操纵方便，机动灵活，转移迅速等优点。广泛应用于建筑施工，石油化工，水利电力，市政建设，港口车站，工矿与军工等部门的装卸和安装工程。

一、流动式起重机的分类

按照结构特点不同，流动式起重机可分为汽车起重机，轮胎起重机，履带起重机和铁路起重机等。

1. 汽车起重机

起重作业部分安装在通用或专用汽车底盘上的起重机称为汽车起重机，汽车起重机在行驶状态和作业状态分别使用不同的驾驶室。它行驶速度快，机动性强。适合于经常转换工作场地作业的情况下使用。汽车起重机不允许吊载行驶。

2. 轮胎起重机

起重作业部分安装在专门设计的自行轮胎底盘上的起重机称为轮胎起重机。轮胎起重机在行驶状态和作业状态均使用同一个驾驶室。它轴距短，可以吊载行驶和全周作业。适用于建筑工地，车站码头等相对稳定的工作场地作业。近年来，高速越野轮胎起重机得到了迅速发展，兼有汽车起重机和轮胎起重机二者的优点，使用范围更广。

3. 履带起重机

履带起重机是起重作业部分安装在履带底盘上，依靠履带行驶的起重机。这种起重机稳定性好，能在松软的路面或无加工路面的场地上行驶，爬坡能力强，转弯半径小，作业时不需要支腿支撑，因此最适合建筑工地使用。

4. 铁路起重机

起重作业部分安装在专用底盘上，只在铁路线上作业的起重机称为铁路起重机。凡是路轨所到之处，该起重机都可以前往工作。铁路起重机只适于在铁路上专门使用。

在流动式起重机中，由于汽车起重机和轮胎起重机使用广泛，所以本章以介绍这两种机型为主。

二、流动式起重机的主要组成

流动式起重机主要组成有动力装置，工作机构，金属结构，控制装置和运行机构等。

1. 动力装置

动力装置即为动力源。有内燃机和外接电源两种形式。使用外接电源的流动式起重机不多见，一般只局限于港口、仓库与装卸区域内的起重机使用。而采用内燃机为动力的流动式起重机最为普遍。其动力传递方式又有以下三种。

（1）内燃机——机械传动

这种传动方式是通过一系列的机械零部件将内燃机的机械能传递到各工作机构进行做功。由于机械零部件都是刚体，故传动可靠，效率高。其缺点是传动装置笨重复杂，各工作机构难以得到合理布置，所以现代汽车起重机和轮胎起重机中已很少采用。

（2）内燃机——电力传动

这种传动方式是把内燃机的机械能经过发电机转变为电能，然后用导线、电器等将电能输送到各电动机，再以少量机械零部件驱动各工作机构。如 QL_3—16 型轮胎起重机的传动方式为：

柴油机──→直流发电机──→各机构电动机──→工作机构。该传动方式使用的机械零部件数量少，总体布置方便，操纵轻便，调速性能好，维护简便。其缺点是造价高、电机重量大。

（3）内燃机──液压传动

这种传动方式是先把内燃机的机械能经油泵转变为液压能，经油管和各种控制阀将液压能传给油缸和液压马达，油缸和液压马达再将液压能转变为机械能驱动各工作机构。由于液压传动调速方便，传动平稳，操纵轻便，元件体积小，重量轻，具有限速、自锁功能，总体布置合理等优点，被起重机广泛应用。

2. 工作机构

起重机的工作机构包括起升机构、变幅机构、回转机构、吊臂及伸缩机构等。起升机构可以实现吊钩的垂直上下运动；变幅机构可以实现吊钩在垂直平面内移动；回转机构可以实现吊钩在水平平面内移动；吊臂伸缩机构可以在伸缩吊臂的同时改变起重机工作幅度和起升高度。以上四种机构的组合，能实现吊钩在起重机能及范围内的任意运动。如图8—1所示。

图8—1　液压伸缩臂式汽车起重机功能示意图

3. 金属结构

金属结构包括起重机的吊臂、回转平台、底架、人字架、大梁等。起重机的工作机构和其他装置都安装在金属结构上，承受着起重机的自重以及作业时的各种载荷。为保证强度和减轻自重，金属结构使用优质钢材焊接而成。

4. 控制装置

控制装置是用以操纵和控制起重机各工作机构，使各机构能按要求进行启动、调速、换向、停止，从而实现起重机作业的各种动作。控制装置主要由操纵杆、控制阀、按钮、开关、控制电器等组成。

5. 运行机构

流动式起重机的运行机构就是通用或专用的起重机底盘。它是支撑起重装置的基础。运行机构一般由传动系、行驶系、转向系和制动系等组成。

6. 支腿

支腿通常安装在底架上。起重作业时，支腿外伸撑地，将起重机轮胎抬离地面。整机行驶时，支腿收回，轮胎与地面接触。

除上述几部分外，还有司机室、取力装置、衬铁等。

我们把回转支撑（回转机构的一部分）及其以上的各部分：起升机构、变幅机构、回转机构、伸缩机构、吊臂、转台、衬铁、司机室等称为上车部分；把回转支撑以下的各部分：底架、大梁、支腿、取力装置等称为下车部分。

三、流动式起重机的基本参数

除第一章已介绍的起重量、起升高度、工作幅度、起重力矩、工作速度、起重臂倾角外，还有以下参数。

1) 支腿跨距。指起重机作业时支腿的外伸尺寸。

2) 通过性参数。指起重机能够通过各种道路能力的参数。有接近角 α，离去角 β，最小转弯半径 r，最小离地间隙 h，最大爬坡度等。

3) 外形尺寸。指整机的长度、宽度、高度的最大尺寸。它受到道路、桥梁、涵洞等限制。各国对外形尺寸都有具体规定，通常宽度限制在 3.4 m 以内，高度不得超过 4 m。

4) 轴荷。指起重机单轴的最大负荷。德国规定为 12 t，英国规定为 11 t，法国与日本规定为 13 t，我国规定为 12～13 t。

5) 自重。指起重机在非工作状态下的整机本身的总重量。

它是衡量起重机经济性能的一项综合性指标。

第二节 流动式起重机的发动机

流动式起重机所使用的发动机主要是内燃机,其特点是燃料在机器内部燃烧,将热能转变为机械能,带动起重机工作。按使用燃料不同内燃机可分为汽油发动机和柴油发动机。国产小吨位的起重机一般使用汽油发动机,起重量大于8t的起重机一般使用柴油发动机。

一、发动机的工作原理

1. 发动机的主要名词术语

工作循环——在发动机内每一次将热能转变为机械能的过程。

上止点——在气缸中活塞离曲轴中心最远处。

下止点——在气缸中活塞离曲轴中心最近处。

活塞行程——上止点与下止点之间的距离。

气缸工作容积——活塞从上止点到下止点所扫过的气缸容积。

燃烧室容积——活塞在上止点时,活塞上面的全部气缸容积。

气缸总容积——活塞在下止点时,活塞上面的全部气缸容积。

压缩比——气缸总容积与燃烧室容积之比。

发动机工作容积(即发动机排气量)——多缸发动机各气缸工作容积的总和。

有关发动机的名词术语可以参照图8—2进行理解。

2. 四行程汽油机工作原理

四行程发动机的工作循环包括四个活塞行程,即进气行程、压缩行程、膨胀行程(做功行程)、排气行程。汽油机的工作原理如下:

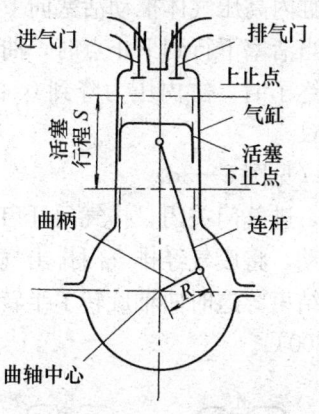

图 8—2 发动机示意图

(1) 进气行程（见图 8—3a）

在这个行程中，排气门关闭，进气门开启，活塞被曲轴带动从上止点向下止点移动。当活塞从上止点向下止点移动时，气缸在活塞上方的空间增大，压力降低，产生真空度，这时可燃混合气由化油器经进气管、进气门吸入气缸。活塞到达下止点时，进气门关闭，进气行程结束。进气终了时，曲轴旋转了 180°。此时，混合气的温度上升到 80～130℃。

(2) 压缩行程（见图 8—3b）

在这个行程中，进、排气门均关闭，曲轴推动活塞由下止点向上止点移动，压缩可燃混合气。当活塞到达上止点时，压缩行程结束。压缩终了时，曲轴旋转了 180°。此时，混合气被压缩到活塞上方很小的空间内，温度和压力都迅速升高。温度达到 300～400℃，压力达到 0.6～0.9 MPa。

(3) 膨胀行程（见图 8—3c）

压缩行程结束时，燃烧室中的可燃混合气被火花塞发出的电火花点燃。由于进、排气门仍然关闭，可燃混合气迅速燃烧膨胀，压力和温度升高，最高压力可达 3～4 MPa，温度可达

2 000～2 700℃。缸内高压气体推动活塞向下移动，并通过连杆使曲轴旋转做功。当活塞下行到下止点时，曲轴旋转了半转，膨胀行程结束。行程终了时，缸内压力降到 0.4～0.5 MPa，温度降为 1 000～1 200℃。

(4) 排气行程（见图 8—3d）

在这个行程中，进气门关闭、排气门开启。曲轴带动活塞由下止点向上止点移动，将废气经排气门排出气缸。当活塞到达上止点时，排气行程结束。这时曲轴旋转了半转。排气终了时，缸内温度降为 500～800℃。

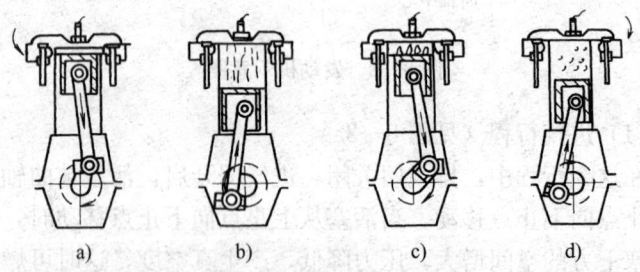

图 8—3 四行程汽油发动机的工作过程
a) 进气 b) 压缩 c) 膨胀 d) 排气

发动机经过进气、压缩、膨胀做功、排气四个过程完成一个工作循环，在这期间，活塞在上、下止点间往复移动四个行程、曲轴旋转了两周，因此，这类发动机称为四行程发动机。

3. 四行程柴油机工作原理

四行程柴油机与汽油机的工作过程相近，但由于柴油机所用的燃料为柴油，黏度比汽油大，不易蒸发，但其自燃温度比汽油低，因此，可燃混合气的形成及点火方式与汽油机有所差别。

如图 8—4 所示为四行程柴油机。其进气行程吸入的是纯空气，而不是混合气。在压缩行程终了时，柴油才经过喷油泵 1 将油压提高到 10 MPa 以上，通过喷油器 2 喷入气缸，在很短的时间内与被压缩的高温空气混合形成可燃混合气。因此，柴油机的混合气是在气缸内形成，而不是像汽油机那样，混合气主要是在气缸外的化油器中形成的。

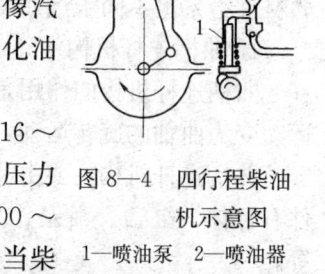

图 8—4　四行程柴油机示意图
1—喷油泵　2—喷油器

由于柴油机压缩比高（一般为 16～22），所以压缩终了时，气缸内的空气压力可达 3.5～4.5 MPa，温度高达 500～700℃，大大超过了柴油的自燃温度。当柴油喷入气缸后，便在很短时间内与高温高压空气混合，自行着火燃烧，而不是像汽油机那样靠火花塞发火燃烧。

柴油机与汽油机比较各有优缺点。汽油机的优点是转速高（达 5 000～6 000 r/min），重量轻，噪声小，容易启动，制造维修费用低；缺点是功率小，油耗高。柴油机的优点是功率大，油耗低，燃料价格低；缺点是转速低，重量重，制造和维修费用高。

4. 多缸发动机的工作顺序

在发动机的工作循环中，只有膨胀行程是对外做功的，其余行程都是辅助行程，它们不仅不对外做功，而且还要消耗一部分能量。因此单缸发动机运转不均匀，还难以启动。为改善发动机的技术性能，便出现了多缸发动机。

多缸发动机的各缸共用一根曲轴，都进行着相同的工作循环，每个活塞都承受着做功压力推动着同一根曲轴旋转。如果各缸的做功行程合理地错开，间隔相同的转角按一定的次序分别推动曲轴，发动机就会均匀运转。多缸发动机的各个气缸发生的同名行程的次序称为气缸工作顺序。四缸发动机的常用工作顺序为 1—3—4—2。六缸发动机的工作顺序一般为 1—5—3—6—2—4。

二、发动机的组成

汽油发动机由曲柄连杆机构、配气机构、燃料供给系、点火系、冷却系、润滑系和启动系组成。柴油发动机则没有点火系，燃料供给系也不同于汽油发动机，其余部分基本相同。

1. 曲柄连杆机构

曲柄连杆机构的作用是承受燃烧气体的压力，将活塞的直线运动变为曲轴的旋转运动，将热能转变为机械能。

曲柄连杆机构主要由活塞连杆组，曲轴飞轮组组成。主要零件有缸体、缸盖、活塞、活塞环、活塞销、连杆、曲轴、飞轮等。

2. 配气机构

配气机构的功用是按照发动机每一气缸内所进行的工作循环和着火顺序的要求定期开启和关闭气缸的进气门和排气门，使新鲜的可燃混合气（汽油机）或空气（柴油机）及时进入气缸，废气及时排出缸外。

根据气门组的安装位置，配气机构的布置形式有顶置气门式和侧置气门式两种。现在侧置气门式已逐渐被淘汰。

顶置气门式配气机构的进、排气门都安装在缸盖上，它一般由气门、气门导管、气门弹簧、摇臂轴、摇臂、推杆、凸轮轴，正时齿轮等组成。

为了防止在热态下气门关闭不严，气门与推杆间必须留有适当间隙，此间隙称为气门间隙。在使用中，由于磨损，气门间隙会变大，应定期进行调整。

3. 汽油机供给系

汽油机供给系的作用是根据发动机各种不同工况的要求，配制一定数量和浓度的可燃混合气送入气缸，并将燃烧后的废气排出机外。

它一般由汽油箱、汽油滤清器、汽油泵、化油器、空气滤清器、进排气管、消声器、油管等组成。

4. 柴油机供给系

柴油机供给系的作用是根据发动机各种工况，适时、适量地将燃油以雾状形式喷入气缸，使发动机迅速发火做功。

它一般由柴油箱、柴油滤清器、低压泵、高压泵、喷油器、油管、空气滤清器、进排气管、消声器等组成。

5. 点火系

点火系的功用是按照发动机的工作顺序，在压缩行程的适当时刻，使燃烧室内的火花塞产生强烈的电火花，点燃被压缩的可燃混合气。

点火系一般由电源，点火线圈，分电器、断电器、电容器，点火开关，高压导线，火花塞等组成。

6. 润滑系

润滑系的作用有润滑、冷却、清洁、密封、防蚀等作用。它一般由机油盘、机油泵、滤油器、管路、油道、限压阀、机油表、冷却器等组成。

7. 冷却系

冷却系的作用是保证发动机在最适宜的温度下工作，以获得良好的动力性和经济性。

冷却方式有水冷式和风冷式两种，起重机的发动机常用水冷式。最适宜的工作温度为 80～90℃。

冷却系一般由水泵、散热器、风扇、水套、分水管、百叶窗、水温表、放水开关等组成。

8. 启动系

启动系的作用是利用外力使发动机由静止状态转入怠速运转状态。

它主要由蓄电池、直流电动机、操纵机构、离合机构、启动开关等组成。

三、发动机的安全技术要求

应定期对发动机进行各种技术保养，使其满足下列要求：

1) 发动机应有良好的启动性能。
2) 怠速稳定，运转正常，各机构不得有异响。
3) 机油压力正常，冷却系水温不得超过 90℃。
4) 发动机动力性能良好，能满足起重机工作需要。
5) 发动机的烟度和污染物排放符合国家有关标准。

第三节 流动式起重机的工作机构

一、起升机构

起升机构又称卷扬机构，其功用是实现重物的起升、降落与停止。起升机构通常由驱动装置、减速装置、卷筒、滑轮、钢丝绳、制动装置、取物装置等组成。

如图 8—5 所示是液压传动起升机构简图。该机构由油马达 1、减速器 4、卷筒 5、制动器 3、离合器 8、钢丝绳 7 和吊钩滑轮等组成。这是流动式起重机常见的起升机构。油马达 1 驱动两级圆柱齿轮减速 4，减速器的输出轴与卷筒轴连成一体，通过离合器 8 与卷筒实现接合和分离。当离合器接合并给油马达供油时，制动器 3 松闸，动力由卷筒轴经离合器带动卷筒 5 转动。改变压力油的流动方向时，油马达反转，卷筒的旋转方向也相反，从而实现吊钩 6 的升降换向。停止供油时，油马达停止转动，制动器同时立即上闸，吊钩停止运动。

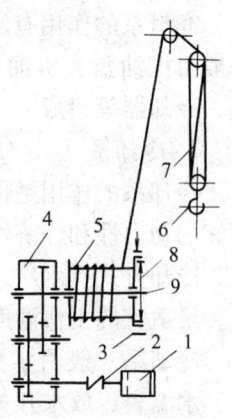

图 8—5 液压传动起升机构

离合器 8 除了可以传递动力之外，还可以实现吊钩重力下放，提高作业效率。当推动离合器操纵手柄使其处于分离位置时，离合器分离，切断卷筒轴与卷筒的连接，卷筒处于浮动状态,这时缓慢解除制动器的制动,可以使吊钩自由下落。正常进行吊钩重力下降时,应随时控制好制动力的大小,使吊钩下降速度适当。

小型起重机的起升高度低,动力升降能满足作业速度的要求,起升机构不设离合器,由卷筒轴直接驱动卷筒转动。

1. 驱动装置

液压传动起升机构的驱动装置有高速油马达和低速油马达两种。高速油马达重量轻、体积小,容积效率高,应用甚广。

电力传动的起升机构按使用的电源不同,驱动装置分为直流电动机和交流电动机两种。QL3—16型轮胎起重机起升驱动装置由直流电动机驱动,电动机所用的电流是由起重机上以柴油机为动力的直流发电机提供的。操纵柴油机的油门,柴油机的转速发生变化,发电机的输出电压也随之变化,电动机的转速也发生变化,从而实现了起升机构的无级调速。

2. 减速器

起升机构采用的减速器有圆柱齿轮减速器、蜗轮减速器、行星齿轮减速器等。电力驱动和机械直接驱动的起升机构常用蜗轮减速器,液压驱动的起升机构常用圆柱齿轮减速器和行星齿轮减速器。

3. 卷筒

流动式起重机起升机构的卷筒有单卷筒单轴式,双卷筒单轴式(串联式),双卷筒双轴式(并联式),双卷筒独立驱动式。

单卷筒单轴式是最基本的形式,只有一个吊钩动作,结构简单,适用于小型起重机。

中、大型起重机需要扩大作业范围,起升机构装有两个卷筒,组成主卷扬和副卷扬,分别驱动主钩和副钩。

双卷扬单轴式如图8—6所示,该装置是在一根卷筒轴装有两个卷筒,由一个马达带动减速器集中驱动,每个卷筒分别装有各自的离合器和制动器,保证独立工作。这种结构与双卷筒独立驱动机构相比，可以省去一套传动装置和一个马达，所以外形尺寸小、重量轻、费用低，其缺点是每个卷筒的长度受到限制，从而影响卷筒的钢丝绳容量，因而只适用于中型起重机。

双卷筒独立驱动式是由两组单卷筒单轴式起升机构组成，其优点是整机布置合理，功能增多，适用于大型起重机。

4. 离合器

离合器是流动式起重机某些机型起升机构的组成部分。它安装在卷筒轴上，其作用有三：一是使卷筒轴与卷筒接合，将来自减速器的动力传递给卷筒。二是能使卷筒与卷筒轴分离，使吊钩实现重力下放。三是离合器的主、从动部分可以相对滑动，遇到过大冲击时可以防止机件损坏。

离合器的形式一般是内涨式离合器，其构造如图8—7所示。它一般由离合器蹄片、摩擦片、作用油缸、回位弹簧、轮毂、离合器底板、卷筒轴及卷筒组成。

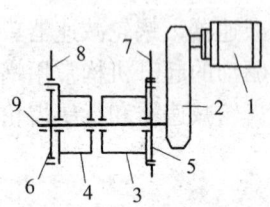
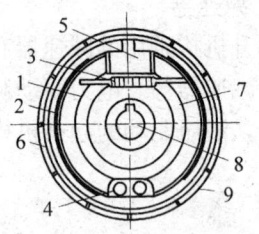

图8—6 双卷筒单轴式　　　　图8—7 离合器构造示意图
1—马达 2—减速器 3—主卷筒　　1—离合器蹄片 2—摩擦片 3—回位弹簧
4—副卷筒 5、6—离合器　　　　4—支销 5—离合器作用油缸 6—轮毂
7、8—制动器 9—卷筒轴　　　　7—离合器底板 8—卷筒轴 9—卷筒

当作用油缸5通入压力油时，蹄片1张开，离合器接合；当油缸内的压力油流回油箱时，在回位弹簧3的作用下，蹄片与轮毂分开，离合器分离。

对离合器的安全技术要求是：

1) 应有足够的摩擦力矩以传递动力。

2) 蹄片铆钉不得外露,不得有油污。

3) 离合器油缸的作用压力应有指示装置,压力符合规定,一般不低于 4～6 MPa,油缸不得漏油。

4) 分离迅速彻底,接合平顺紧密,并应有良好的散热能力。

5) 离合器操纵手柄应有定位装置,锁止可靠。

5. 制动装置

起升机构的制动装置有带式制动器、块式制动器和盘式制动器,与第二章所介绍的制动器基本相同,只是松闸的动力源略有区别。

图 8—8 是带式液压制动器示意图。图 8—9 是块式液压制动器示意图。这两种制动器和盘式制动器都是由弹簧上闸,油缸松闸的。松闸油缸的压力油都是在起升机构工作的同时直接从起升油路获得。

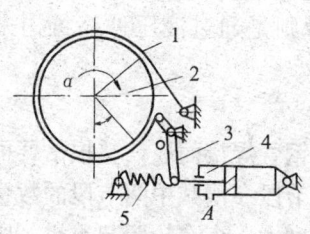
图 8—8 带式制动方式
1—制动带 2—制动轮毂 3—摇臂
4—松闸油缸 5—上闸弹簧

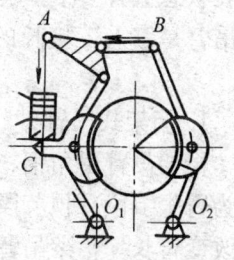
图 8—9 块式制动方式

机械传动和电力驱动的起升机构制动装置一般安装在减速器的高速轴上。

液压驱动的起升机构制动装置安装位置有三种。无离合器的,制动器安装在减速器的高速轴上;有离合器的,制动器安装在卷筒上；行星减速器的盘形制动器则装在减速箱内。

6. 起升机构的安全技术要求

1）起升机构应装有常闭式制动器，并应符合第二章第五节的要求。

2）设有离合器的起升机构的制动器应是可操作的。

3）重物下降时应有限速保护措施。

4）应设有起升高度限位装置。

5）起升机构的钢丝绳、吊钩、卷筒、滑轮、减速器、制动器等应分别满足第二、三章的安全技术要求。

二、吊臂装置

吊臂又叫起重臂，装在转台上，用来支撑起升钢丝绳，滑轮组、吊钩及被吊起的重物。吊臂的强度决定起重机的最大起重量，吊臂的长度还决定起重机的工作高度和幅度，吊臂是起重机重要的金属结构件。

流动式起重机吊臂有桁架式吊臂和箱形伸缩吊臂。起重机在行驶状态下有一个基本臂长，作业时又需要不同的工作臂长。桁架吊臂是靠人工接长的，箱形吊臂则是通过液压伸缩机构来实现。

1. 桁架式吊臂

桁架吊臂由角钢、钢管或异型钢管焊接而成，整根吊臂可以分为臂根节段、顶节段和多节中间节段。增减中间节段的数量可以改变臂长。桁架吊臂重量轻，强度大，多在轮胎起重机、履带起重机和铁路起重机上采用。

2. 箱形吊臂

箱形吊臂又称伸缩吊臂，它由吊臂和伸缩机构组成。

（1）吊臂

吊臂由高强度低合金钢板焊接而成，国产起重机吊臂多用 16 Mn、15 MnTi、15 MnVN 等高强度钢板，以 16 Mn 钢板最常用。箱形吊臂的基本截面是矩形截面。吊臂通常由基本臂和多节伸缩臂组成。

（2）伸缩机构

伸缩机构由伸缩油缸、油缸支撑机构、平衡阀、滑块及其他传动机构组成。图8—10所示是QY—8型汽车起重机的吊臂和伸缩机构。伸缩臂、油缸等安装在基本臂内，油缸通入压力油时，伸缩臂可以在基本臂内伸出和缩回，满足工作要求。

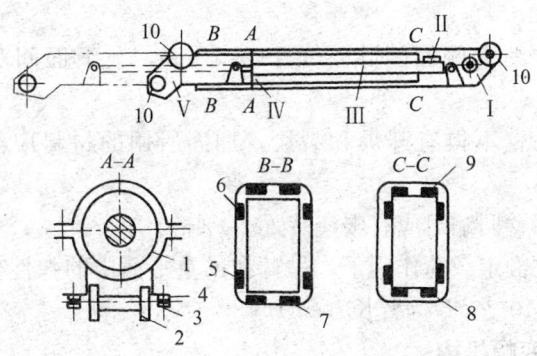

图8—10　QY—8汽车起重机吊臂伸缩机构
Ⅰ—基本臂　Ⅱ—伸缩臂平衡阀　Ⅲ—吊臂伸缩油缸
Ⅳ—托辊　Ⅴ—伸缩臂
1—缸筒　2—滚轮　3—调整螺杆　4—锁紧螺母
5、6、7、8、9—滑块　10—导向滑轮

按吊臂伸缩方式不同，伸缩机构可分为四种：顺序伸缩机构、同步伸缩机构、独立伸缩机构、程序伸缩机构。

顺序伸缩机构　吊臂在伸缩过程中，各节伸缩臂按照一定的伸缩顺序完成伸缩动作。

同步伸缩机构　吊臂在伸缩过程中，各节伸缩臂同时以相同的行程比率进行伸缩。

独立伸缩机构　吊臂在伸缩过程中，各节伸缩臂均能独立进行伸缩。

程序伸缩机构　吊臂在伸缩过程中，各节伸缩臂可按照预选程序完成伸缩动作。预定程序有每节伸缩臂各伸出 1/3，1/2，5/6 或全伸等。

3. 吊臂装置的安全技术要求

1）单节吊臂在水平平面和垂直平面内的直线度均不大于 4 mm。

2）桁架臂各弦杆和腹杆的直线度不大于公称长度的 2/1 000。

3）伸缩臂侧面间隙不大于 2.5 mm，上下面间隙不大于 5 mm。

4）吊臂不得有开焊和裂纹，加固所用的材料应与母材一致。

5）吊臂回缩时应有限速装置。

6）在额定载荷作用下，吊臂在吊重平面内的弹性变形应不大于 $L^2 \times 10^{-5}$，L 为臂长（cm）。

三、变幅机构

变幅机构的作用是改变起重机的工作幅度，扩大和调整起重机的工作范围。

变幅机构的形式有挠性变幅机构和刚性变幅机构。

1. 挠性变幅机构

图 8—11 是挠性变幅机构示意图，这种变幅机构适用于桁架臂起重机。

挠性变幅机构是利用钢丝绳和卷扬机构进行变幅的机构。它由卷扬机、人字架、变幅滑轮组、拉臂绳、变幅绳和防吊臂后倾装置等组成。当卷扬机工作时，收放变幅钢丝绳，改变变幅动、静滑轮组之间的距离，从而实现吊臂变幅。卷扬机是蜗轮减速卷扬机，具有一定的自锁能力。

2. 刚性变幅机构

刚性变幅机构是利用变幅油缸进行变幅的，油缸两端分别与转台和吊臂铰接，油缸伸缩时，带动吊臂起落，实现变幅。

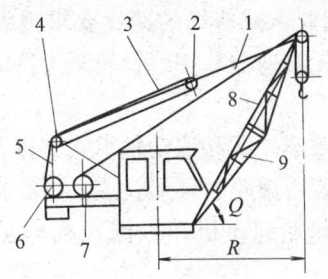

图 8—11 挠性变幅机构
1—拉臂绳 2—变幅动滑轮组 3—变幅绳 4—变幅定滑轮组
5—人字架 6—变幅卷扬机 7—起升卷扬机
8—桁架吊臂（顶节段）9—桁架吊臂（根节段）

刚性变幅有单缸变幅和双缸变幅之分。小型起重机用单缸变幅，中、大型起重机常用双缸变幅。按照油缸与吊臂相互作用的位置，变幅机构又可分为前支式、后支式和后拉式三种。

3. 变幅机构的安全技术要求

1）挠性变幅机构必须安装常闭式制动装置。

2）挠性变幅机构必须装设幅度限位装置和防止吊臂后倾装置。

3）变幅机构应安装幅度指示装置。

4）变幅机构应安装吊臂下降限速锁紧装置。

四、回转机构

回转机构的作用是使上车部分绕起重机的回转中心做回转运动，并以滚动支撑的形式将上车和下车连成一体，使上车的载荷传到底盘车架上。

回转机构由回转减速箱和回转支撑等组成。回转支撑带齿部分与下车连接，另一部分与上车连接。当回转减速箱工作时，其输出轴的小齿轮与回转支撑的大齿轮啮合，带动上车旋转。

1. 回转减速箱

回转减速箱安装在转台上。起重机的回转速度很低，每分钟不超过 3~4 转。因此，减速箱的速比要求很大。所以回转机构的减速箱多采用蜗轮减速器和摆线针轮减速器。

2. 回转支撑

回转支撑有支撑滚轮式和滚动轴承式支撑。

支撑滚轮式主要由滚轮、环形轨道、中心枢轴、反滚子等组成。履带起重机、轮胎起重机和机械式汽车起重机常用这种结构。

滚动轴承回转支撑与大型推力滚动轴承相似。它由上座圈、下座圈、齿圈、滚动体、连接螺栓、调整垫片等组成。按滚动体不同，又可分为交叉滚柱支撑、单排滚珠支撑、双排滚珠支撑和滚珠/滚柱支撑等。

3. 回转机构的安全技术要求

1) 回转机构应有制动装置和回转定位装置。

2) 回转支撑应保证润滑良好。

3) 回转支撑螺栓不得松动，并且不得利用普通螺栓代替。

五、支腿机构

支腿的作用是使起重机与支撑面形成刚性支撑，提高起重机的工作能力和稳定性。

支腿机构一般由支腿构件、支腿油缸、液压锁、稳定器等组成。

1. 支腿

流动式起重机的支腿一般有蛙式支腿、H 形支腿、X 形支腿和辐射形支腿。支腿的动作是靠油缸伸缩来实现的。为了保证支腿可靠地工作，防止作业时支腿回缩，垂直支腿油缸均采用液压锁锁定。为了提高稳定性，有的大型起重机采用两节水平支腿的伸缩机构，进一步增大横向支腿的跨距。

2. 稳定器

稳定器的作用是保证起重机外伸支腿作业时轮胎脱离地面，提高作业稳定性。后桥使用弹性悬挂的起重机必须设置稳定器。

稳定器的常见形式有挂钩式和钢丝绳悬挂式。工作时，利用挂钩或钢丝绳将后桥提起，轮胎便离开地面。

3. 支腿机构的安全技术要求

1）液压支腿在作业状态和非作业状态均应有锁定装置。

2）伸缩支腿单侧间隙不大于 3 mm，垂直平面内的间隙不大于 5 mm。

3）支腿不得有裂纹、开焊和影响安全的缺陷。

4）不得任意改变支腿的跨距。

5）支腿滑道应润滑良好。

第四节　流动式起重机的液压系统

一、液压油与液压元件

1. 液压油

液压油是液压系统传递能量的工作介质。在液压元件的摩擦部位又起着润滑、冷却与密封的作用。液压油应具有以下的性能：

①低凝点。凝固点的温度低，确保在低温条件下液压油具有良好的流动性。

②合适的黏度。黏度是选用液压油的重要指标，合适的黏度，能保证润滑又可以防止泄漏，使系统维持正常的压力和速度。

③黏温性。即黏度随温度变化的程度。黏度随温度变化越小，黏温性越好，液压油的质量越好。

④消泡性。系统出现气泡时，油液内的气泡应能迅速消失，保证系统正常工作。

⑤抗乳化性。液压油应具有使水分易于从油中分离出来性能，防止乳化。

⑥化学稳定性。液压油的稳定性好，不易变质分解。

⑦相容性。液压油与液压装置中的有机材料，如密封件等接触浸泡，应不使其受到溶解、腐蚀和损伤。

常用的液压油有 20 号、30 号、40 号。使用时应根据使用说明书的规定选用，不可随便使用。

2. 液压元件

起重机常用的液压元件有油泵、油缸、液压马达、溢流阀、换向阀、平衡阀、液压锁、中心回转接头、蓄能器、油箱等。

(1) 油泵

油泵是动力元件，由发动机驱动油泵运转将机械能转变为压力能，进而推动起重机的工作机构工作。常用的油泵有齿轮泵和轴向柱塞泵。齿轮泵的结构简单，自吸能力强，最高压力可达 21 MPa，价格便宜，能实现多泵一轴驱动制成多联泵，满足起重机工作时分流和合流的需要。故而在起重机的液压系统中多使用齿轮泵。

油泵的主要性能参数有：

①额定压力。油泵在连续运转情况下所允许使用的工作压力。

②最大压力。油泵在短时间内超载运转所允许的极限压力。

③流量。单位时间内油泵输出液压油的体积。

④额定转速。油泵在正常工作情况下允许的最高转速。

(2) 液压马达

液压马达又称油马达，是执行元件。它将压力能转变为机械能，驱动起升机构或回转机构运转。起重机上常用的油马达有齿轮式马达和柱塞式马达。轴向柱塞油马达因其容积效率高、微动性能好，在起升机构中最为常用。油马达与油泵互为可逆元件，构造基本相同，有些柱塞马达与柱塞泵则完全相同，可互换使用。

油马达的主要性能参数有：

①排量。油马达每旋转一周所排出液压油的体积。
②输出扭矩。在额定工作压力下油马达的实际输出扭矩。

（3）油缸

油缸是执行元件，它将压力能转变为活塞杆直线运动的机械能，推动机构运动，变幅机构、伸缩机构、支腿等均靠油缸带动。图8—12是起重机油缸的一种常见结构，为活塞式双作用油缸。它由缸筒、活塞、活塞杆、缸盖、导向套、密封圈等组成。活塞外径装有两个Y形密封圈（有的是O形圈），防止内漏。活塞中间装有耐磨塑料圈，防止活塞与缸筒直接接触损坏油缸内表面。导向套对活塞杆运动起导向作用，防止活塞在缸筒内发生倾斜拉缸。为防止外漏，在活塞杆与缸盖之间，缸盖与缸筒之间均装有密封圈。为防止灰尘进入缸内，在活塞杆与缸盖间还装有防尘圈。为了提高密封性和延长油缸的使用寿命，缸筒内壁和活塞外径均要求有很高的光洁度。活塞杆表面还要镀铬抛光。

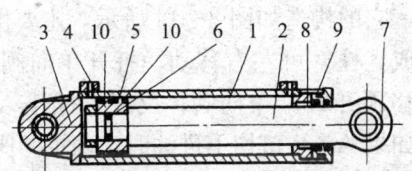

图8—12　油缸
1—缸筒　2—活塞杆　3—缸底　4—活塞　5—耐磨圈
6、9、10—密封圈　7—耳环　8—导向套

（4）平衡阀

平衡阀是控制元件，它安装在起升机构、变幅机构、伸缩机构的液压系统中，防止工作机构在负载作用下产生超速运动，并保证负载可靠地停留在空中，平衡阀是保证起重机安全作业不可缺少的重要元件，其构造见图8—13，由主阀芯、主阀弹簧、导控活塞、单向阀、阀体、端盖等组成。主阀芯的开启受导控活塞

的控制。主阀弹簧一般为固定式,也有的为可调式。通过调整端盖上的调节螺钉来改变平衡阀的控制压力。

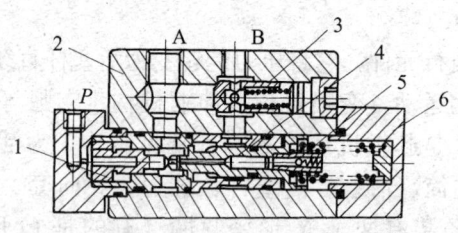

图 8—13 平衡阀
1—导控活塞 2—阀体 3—单向阀 4—主阀芯
5—主阀弹簧 6—端盖

(5) 液压锁

液压锁又叫液控单向阀,是控制元件。它安装在支腿液压系统中,能使支腿油缸活塞杆在任意位置停留并锁紧,支撑起重机,也可以防止液压管路破裂可能发生的危险,凡是支腿油缸都装有液压锁,它的构造如图 8—14 所示,主要由阀体、柱塞和两个单向阀组成,柱塞可左右移动,打开单向阀。当从 A 口进油时,柱塞右移顶开 B 端单向阀,反之,打开 A 端单向阀,油路形成通路,如果 A、B 口均不进油时,两单向阀封闭,起锁紧作用。

(6) 换向阀

换向阀也称分配阀,属控制元件,它的作用是改变液压油的流动方向,控制起重机各工作机构的运动,多个换向阀组合在一起称为多联阀,起重机下车常用二联阀操纵下车支腿,上车常用四联阀,操纵上车的起升、变幅、伸缩、回转机构,换向阀的构造如图 8—15,主要由阀芯和阀体两基本零件组成,改变阀芯在阀体内的位置,油液的流动通路就发生变化。工作机构的运动状态也随之改变。

(7) 溢流阀

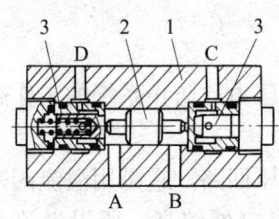
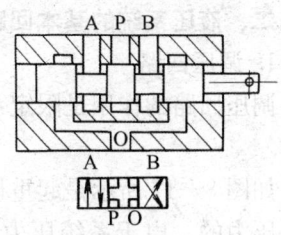

图 8—14 双向液压锁
1—阀体 2—柱塞 3—单向阀

图 8—15 换向阀的结构原理

溢流阀属控制元件。它是液压系统的安全保护装置，可限制系统的最高压力或使系统的压力保持恒定，起重机使用溢流阀是先导式溢流阀，构造见图 8—16。

它主要由主阀和导阀两部分组成。主阀随导阀的启闭而启闭，主阀部分有主阀芯，主阀弹簧，阀座等。导阀部分有导阀、导阀弹簧、阀座、调整螺钉等，当系统压力高于调定压力时，导阀开启少量回油。由于阻尼作用，主阀下方压力大于上方压力，主阀上移开启，大量回油，使压力降至调定值，转动调节螺钉即可调整系统工作压力的大小。

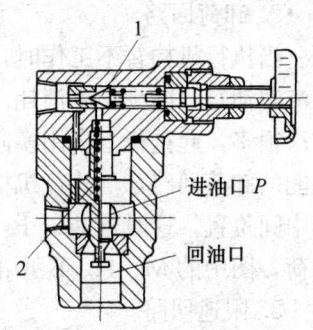

图 8—16 溢流阀
1—导阀 2—主阀

（8）油箱

油箱属辅助元件，由铁板焊接而成，它的主要作用是储油、散热，分离混入油的水分、空气和杂质等。

（9）蓄能器

蓄能器属辅助元件，它的作用是储存能量，使离合器油路维持规定的工作压力。起重机上常用的蓄能器是活塞式和橡皮袋式蓄能器。

二、液压系统的基本回路

1. 调压回路

调压回路的作用是限定系统的最高压力，防止系统的工作超载。

如图 8—17 所示是起重机主油路调压回路，它是用溢流阀来调整压力的，由于系统压力在油泵的出口处较高，所以溢流阀设在油泵出油口侧的旁通油路上，油泵排出的油液到达 A 点后，一路去系统，一路去溢流阀，这两路是并联的，当系统的负载增大油压升高并超过溢流阀的调定压力时，溢流阀开启回油，直至油压下降到调定值时为止。该回路对整个系统起安全保护作用。

2. 卸荷回路

当执行机构暂不工作时，应使油泵输出的油液在极低的压力下流回油箱，减少功率消耗。油泵的这种工况称为卸荷。卸荷的方法很多，起重机上多用换向阀卸荷，图 8—18 所示是利用滑阀机能的卸荷回路，当执行机构不工作时，三位四通换向阀阀芯处于中间位置，这时进油口 P 与回油口 O 相通，油液便流回油箱卸荷，图中的 M、H、K 型滑阀机能都能实现卸荷。

3. 限速回路

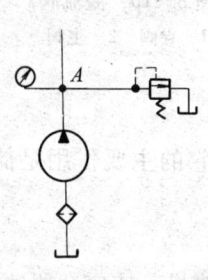
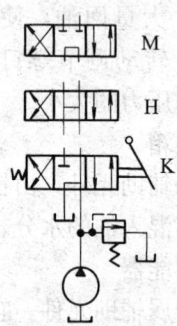

图 8—17 调压回路　　　　图 8—18 利用滑阀机能卸荷

限速回路也称平衡回路，起重机的起升马达，变幅油缸及伸缩油缸在下降过程中，由于载荷与自重的重力作用，有产生超速的趋势，运用限速回路能可靠地控制其下降速度。图8—19为常见的限速回路，油马达右侧为吊钩下降的回油路，装有平衡阀（也叫限速液压锁）。当吊钩起升时，压力油经右侧平衡阀的单向阀通过，油路畅通，当吊钩下降时，左侧进油，但右侧平衡阀回油通路封闭，马达不能转动，只

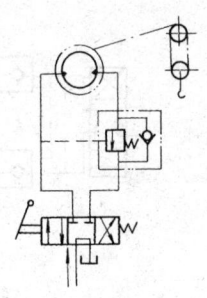

图8—19 限速回路

有当左侧进油压力达到开启压力，通过控制油路（虚线）打开平衡阀芯形成回油通路，马达才能转动使重物下降，如在重力作用下马达发生超速运转，则造成进油路供油不足，油压降低，使平衡阀芯开口关小，回油阻力增大，从而限定重物的下降速度。

4. 锁紧回路

起重机执行机构经常需要在某个位置保持不动，如支腿，变幅与伸缩油缸等，这样必须把执行元件的进口油路可靠地锁紧，否则，便会发生"坠臂"或"软腿"危险，除用平衡阀锁紧外，还有如图8—20所示的液控单向阀锁紧。它用于起重机支腿回路中。

当换向阀处于中间位置，即支腿处于收缩状态或外伸支撑起重机作业状态时，油缸上下腔均被液压锁的单向阀封闭锁紧，支腿不会发生外伸或回缩现象，当支腿需外伸（收缩）时，液压油经单向阀进入油缸的上（下）腔，并同时作用于单向阀的控制活塞打开另一单向阀，允许油缸伸出（缩回）。

5. 制动回路

如图8—21所示为常闭式制动回路，起升机构工作时，扳动换向阀，压力油一路进入油马达，另一路进入制动器油缸推动活塞压缩弹簧实现松闸。

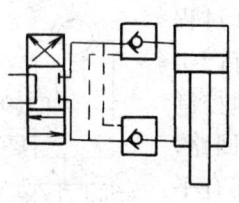 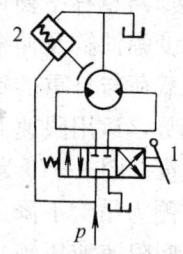

图 8—20 锁紧回路　　　图 8—21 制动回路

三、流动式起重机液压系统

如图 8—22 是 QY—8 型汽车起重机的液压系统。该系统由油泵 1 供油，压力油经滤清器 6，分路阀 5 后，可分别给上车或下车供油，当阀 5 在图示位置时，压力油经中心回转接头 22 流入上车四联换向阀，D、C、B、A，如果将阀 5 变换到左位，则压力油流入支腿换向阀 2、3，上车回油经阀 A，中心回转接头 22 返回油箱 23，下车回油经阀 3 返回油箱。

四联换向阀 A、B、C、D 分别控制卷扬机构的起升马达 18，回转机构的回转马达 15，变幅油缸 13，伸缩油缸 11 的动作，当四个阀都处于中位时，油泵卸荷，油液全部流回油箱，由于四联换向阀油路串联，故当空载或轻载时，各工作机构可以进行组合动作。

上车的起升、变幅和伸缩油路中分别装有平衡阀 12、14 和 19，用以控制负载下降的速度，防止重物坠落和油缸回缩。

卷扬马达 18 通过两级齿轮减速器驱动卷筒转动，在减速器高速轴上装有常闭式瓦块制动器 17，制动器靠弹簧力制动，当制动油缸通入压力油时，可以克服弹簧压力将制动器打开，制动油缸前装有单向节流阀 16，它与主油路在 K 点相接。由于 K 点位于起升控制阀 A 之前，所以只要阀 A 处于中位时，没有压力油进入制动油缸，制动器 17 则处于制动状态。而阀 A 处于工作位置，卷扬马达 18 旋转时，制动油缸进入压力油，制动松开，

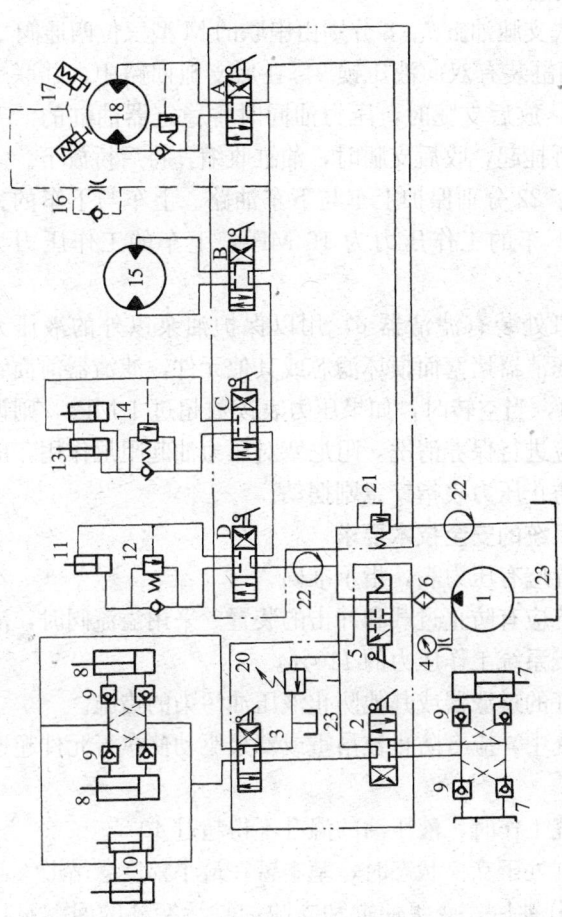

图 8—22　QY—8型汽车起重机液压系统

1—油泵　2—前支腿换向阀　3—后支腿换向阀　4—压力表　5—分路阀　6—滤清器　7—前支腿油缸　8—后支腿油缸　9—双向液压锁　10—稳定器油缸　11—伸缩油缸　12、14、19—平衡阀　13—变幅阀　15—回转油马达　16—单向节流阀　17—制动器　18—卷扬马达　20、21—溢流阀　22—中心回转接头　23—油箱单向节流阀 16 的作用是使制动器油缸滞后于马达 18 进油,这样可以避免马达转动瞬间,发生溜钩现象。

回转油马达 15 的回路中没有制动装置,它的制动靠阀 B 的 M 型滑阀机能来实现。

下车的蛙式支腿油缸 7、8 分别由串联的 M 型三位四通阀 2、3 操纵,支腿油缸装有双向液压锁 9。在后支腿回路中,并联有稳定器油缸 10,放后支腿时,压力油同时将稳定器油缸的活塞杆推出,将后桥挂起,收后支腿时,油缸收缩,将后桥放下。

溢流阀 21、22 分别保护上车与下车油路。上车与下车的工作压力不同,下车的工作压力为 16 MPa,上车的工作压力为 25 MPa。

在油泵出口处装有滤清器 6,用以保护油泵以外的液压元件,为了避免滤清器堵塞而损坏滤芯或其他元件,滤清器前面管路设有压力表 4,当空转时,如果压力表读数超过 1 MPa,则说明滤清器很脏应进行保养清洗。阻尼塞对压力油起阻尼作用,能保护压力表并防止压力表指针急剧摆动。

四、液压系统的安全技术要求

①液压系统应有压力表,指示准确。

②液压系统应有防止过载和冲击的装置。采用溢流阀时,溢流压力不得大于系统工作压力的 110%。

③应有良好的过滤器或其他防止液压油污染的措施。

④液压系统中,应有防止被吊重或臂架驱动使执行元件超速的措施。

⑤液压系统工作时,液压油的温升不得超过 40℃。

⑥支腿油缸处于支撑状态时,基本臂在最小幅度悬吊最大额定起重量,15 分钟后,变幅油缸和支腿油缸活塞杆的回缩量均应不大于 6 mm。

⑦平衡阀必须直接或用钢管连接在变幅油缸、伸缩油缸和卷扬马达上,不得用软管连接。

⑧各平衡阀的开启压力符合说明书要求。
⑨使用蓄能器时,蓄能器充气压力与安装应符合规定。
⑩手动换向阀的操作与指示方向一致,操纵轻便,无冲击跳动。起升离合器操纵手柄应设有锁止机构,工作可靠。
⑪液压系统应按设计要求用油,油量满足工作需要。
⑫油泵和液压马达无异响,系统工作正常,不得漏油。

第五节 流动式起重机的安全装置

流动式起重机的安全防护装置一般有力矩限制器、超载限制器、上升极限位置限制器、幅度指示器、防吊臂后倾装置、回转定位装置、安全防护罩、电气设备防雨罩等,这些装置的作用、构造及原理等第四章已有介绍,本节仅对起重臂幅度限位装置作简要说明。

挠性变幅起重机应设有起重臂幅度限位保护装置,对起重臂的最大仰起角度加以限制。幅度限位装置又可分为机械限位和电气限位两种,机械限位装置一般由联动机构和压板组成,当起重臂起升到最大允许仰角时,起重臂上的压板触压联动机构,切断动力源,变幅卷扬停止工作。电气幅度限位开关实际是行程限位,当起重臂接近允许最大仰角时,限位装置动作,发出警报或切断吊臂仰起电源。停止吊臂向上仰起。

第六节 流动式起重机的常见故障和排除

一、应急措施

1. 起升机构失灵,重物放不下来

此时如果条件允许,可以慢落吊臂使重物落地。此法行不通时,可缓慢松开制动器,使卷筒徐徐转动放下重物。必要时还应松开卷扬马达的来油和回油接头。

2. 变幅机构失灵，吊臂落不下来

此时先放下重物，然后将变幅油缸的上腔接头拧松，再将下腔的管接头略微拧松，使油液从松动处缓缓排出，吊臂靠自重可徐徐落下。

3. 伸缩机构失灵，吊臂不能缩回

处理方法同前，但拧松管接头前，应将吊臂仰起到吊臂的最大仰角位置。

4. 支腿不能收起

松开液压锁紧固螺钉，拧松支腿油缸上下腔管接头，抬起支腿即可。

二、常见故障及排除方法

序号	故障	原因	排除方法
1	液压系统漏油	接头松动 密封件损坏 结合平面不平 密封装置不合格 管道破裂	拧紧 更新 加工 修整 焊补或更新
2	油压低	油箱油量不足或吸油管堵塞 溢流阀开启压力过低 油泵损坏或内漏严重 压力油路和回油管路串通 压力表指示失灵	检修加油 调整溢流阀 检修或更换油泵 检修油路，特别注意中心回转接头 更换
3	液压系统噪声大	管道内有空气 油温低，黏度高 滤油管堵塞 油箱油量不足 管道或元件松动	多次动作排出气体 较长时间低速运转油泵使油温升高 清洗或更换 加油 紧固

续表

序号	故障	原因	排除方法
4	油液发热严重	溢流阀长时间工作 环境温度高，起重机长时间作业 平衡阀开启压力过高	按规定调整工作压力 停车休息 按规定调整
5	重物在空中暂停时溜钩	制动装置调整不当 制动弹簧断裂或过软 制动蹄有油污或铆钉外露	按规定调整 更换 清洗或更换摩擦片
6	重物在下降过程中突然溜钩	平衡阀控制压力太低 蓄能器不能保持正常工作压力离合器打滑	按规定调整 蓄能器充气或更换检修
7	空载降钩点头	平衡阀控制压力过高	按规定调整
8	空载缩臂振动	平衡阀控制压力过高 吊臂润滑不良 油缸内有空气	按规定调整 在滑块处抹润滑脂 全程反复动作数次
9	变幅油缸或伸缩油缸回缩	平衡阀密封不严 油缸内泄，上下腔串通	研磨或更换 检修更换密封圈
10	支腿油缸回缩	液压锁密封不严 油缸内泄，上下腔串通	研磨或更换 检修更换密封圈
11	回转抖动	上车各部松旷 回转减速箱蜗轮副装配不当 回转减速箱松动 回转支撑间隙不当	检修 检查啮合印迹，按规定装配 紧固 按规定调整
12	小油门工作正常，大油门工作速度慢	进油滤清堵塞 进油胶管太软	清洗或更换滤芯 更换

续表

序号	故障	原因	排除方法
13	变幅时有吱吱响声	销轴润滑不良	加注润滑脂
14	各铰接轴定位螺钉被剪切	润滑不良 装配太紧	定期加注润滑脂 检修保证合理间隙
15	臂端滑轮经常损坏	行驶时用卷扬拉紧钩头挤压所致	起重机行驶时应用挂钩绳固定吊钩
16	吊钩磨损过快	长途行驶时，挂钩绳与吊钩磨损所致	挂钩绳应套上胶管防止绳与钩直接接触
17	回转支撑螺栓常松动	各紧固螺栓松紧度不一致 螺栓材质不符合要求	按规定扭矩定期紧固校对 按规定选用合格的螺栓
18	钢丝绳跑出卷筒外	钢丝绳过长 钢丝绳规格与要求不符 导向滑轮不起作用	保证安全圈3圈即可 选用符合设计要求的钢丝绳 检修，保证导向轮的间隙和润滑

第七节　流动式起重机的维护保养知识

为延长使用寿命，保证起重机作业安全，必须对起重机进行各种类型的技术保养。

一、保养的分类与间隔周期

保养可分为例行保养、定期保养、换季保养、走合保养。

1. 例行保养

指起重机在每日作业前，运转中及作业后，所进行的检查、清洁和预防性保养措施。"例保"工作由司机进行。

2. 定期保养

指起重机工作一定时间后,所进行的一种预防性维护保养措施。定期保养可分为一级保养、二级保养和三级保养。一级保养以紧固和润滑为中心,二级保养以检查调整为中心,三级保养以解体检查,消除隐患为中心。一级保养的间隔期为100工作小时,二级保养为600工作小时,三级保养为1 800工作小时。通常经过三次三级保养后,到第四次周期时应对整机进行大修。

3. 换季保养

指起重机在季节温度变化时所进行的一种适应性保养,其主要作业内容是更换适合不同季节气温的燃油、润滑油及液压油等。

4. 走合保养

指新机或大修后的起重机,在投入使用初期所进行的一种磨合性保养。一般走合期规定为实际运转100工作小时。走合期满,应对各润滑部位进行一次彻底清洗,然后加注新油;对各工作机构的技术状况进行全面检查,确定情况良好,方可投入正常使用。

二、保养工作内容

①清洁工作。清除各部位的异物与灰尘等。

②紧固工作。检查紧固回转支撑、钢丝绳固定装置、吊臂支架、骑马卡子、传动轴联轴节等重要部位的螺栓螺母。

③调整工作。定期检查调整各零部件的间隙及安全装置可靠性。如气门间隙、吊臂间隙、制动间隙等。

④润滑工作。在规定的润滑部位加注润滑油和润滑脂,检查总成内润滑油平面,加添润滑油,清洗空气滤清器等。

三、液压系统的维护

1. 合理使用液压油

①按规定选用油品。

②防止漏油,防止空气进入系统。

③防止水分、灰尘、杂质进入系统。

④控制好液压油的工作温度。冬天使用应先使系统空运转一段时间，夏天避免长时间运转，液压油最合适的工作温度是35~50℃。

2. 重视换油工作

换油的周期取决于工作条件，通常以一年左右为换油周期，或以工作800小时为换油周期。换油时应将旧油尽量放净，方法如下：

(1) 先更换油箱液压油

将旧油放净后，彻底清洗油箱和滤清器。新油加注前需用滤油机进行过滤，再沉淀48小时，在无尘土的环境中注入油箱。禁止用加油口过滤器代替精滤器过滤液压油。

(2) 更换管路和元件内的液压油

油箱注入新油后，再将油箱回油管拆下接到另一容器内，启动发动机慢速运转，依次操纵各工作机构，用新油将系统内的旧油顶出，旧油排净后装回油箱回油管，最后，按规定油量给油箱补足液压油。

3. 对液压元件不得随意拆卸和调整

如需检修时，应先将元件外部清洗干净，再进行解体修理。修理过程中注意清洁，防止损伤工作面，不要用棉纱等带纤维物擦拭工作面，禁止用汽油清洗密封件，拆装密封件时应使用专用工具。

第八节 流动式起重机的安全操作

流动式起重机的常见事故是翻车、折臂和触电。这主要是操作人员不了解和违反操作规程引起的。

一、起重机的稳定性

起重机的抗倾翻能力称为起重机的稳定性。起重机作业时，起重机的架设、幅度变化、载荷变化、起吊方位、支腿使用等都影响起重作业的稳定。

1. 幅度变化与稳定

起吊载荷一定时，幅度变大，对起重机的倾翻力矩也变大，盲目增大工作幅度，起重机就会失稳。幅度变大的工况有：

①吊臂俯落时，幅度变大。

②吊臂伸长时，幅度变大。

③吊臂回转时，幅度变大。

2. 载荷变化与稳定

工作幅度一定时，载荷变大，对起重机的倾翻力矩也变大。当重物快速下降或用快放落钩而在中途急停时，会产生"超重"和冲击，起重机会失稳，甚至损坏吊臂。

3. 起吊方位与稳定

一般情况下，起重机后方的稳定性好于侧面的稳定性，当在后方起吊重物回转到侧面时，要注意失稳。

4. 起重机的架设与稳定

作业场地倾斜或松软会使起重机架设不平，降低稳定性，应使用垫板加强支撑。

支腿跨距也影响稳定性，跨距大稳定性好，跨距小稳定性差。因此，作业时应将支腿完全伸出。

二、掌握起重量特性

流动式起重机起重量特性通常以两种形式给出，一是起重量特性曲线，二是起重量性能表。在起重机的操纵室内，特性曲线和起重量性能表都用金属铭牌给出，式样如图8—23和表8—1所示。

1. 起重量特性曲线

起重量特性曲线通常是根据整机稳定性、结构强度和机构强度三个条件综合绘制的，如图8—23所示。相应于每一工作臂长有一条特定的曲线，图中所给出的是几条对应于几种标准臂长的

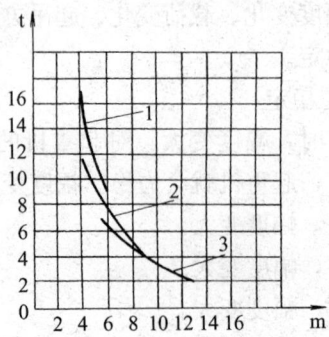

图 8—23 起重量特性曲线

1—吊臂 8 m 长的曲线 2—吊臂 13.5 m 长的曲线
3—吊臂 19 m 长的曲线

表 8—1 　　　　　　起重量性能表　　　　　　t

幅度 (m)	主吊臂工作长度（m）		
	8	13.5	19
4.0	16.00	12.00	
4.5	14.00	10.80	
5.0	12.00	10.00	
5.5	10.05	9.00	6.80
6.0	8.70	8.20	6.30
7.0		6.50	5.70
8.0		5.20	5.00
9.0		4.20	4.20
10.0		3.50	3.50
12.0			2.60
14.0			2.00

注：表中，粗实线以上的起重量是基于结构强度的；粗实线以下的起重量是基于稳定系数的。

曲线，因此应尽量使用标准臂长作业。当不得不用非标准臂长作业时，应选用最接近而又稍短的标准臂长所对应的特性曲线作业。

2. 起重量性能表

起重量特性曲线所对应的工作幅度、臂长和起重量以表格形式给出时，称为起重量性能表。性能表比较直观，使用方便。缺点是把起重机的无级性能数值变为有级的数值，难以确切地掌握起重特性。

起重量性能表中粗实线是强度值与稳定性的分界线。粗实线上面的数值是吊臂等强度所限定的起重量；粗实线以下的数值是整机稳定性所限定的数值。因而可以作为起重作业时的综合参考。如：起重机的作业状态处于粗实线下面时，应把注意力集中在整机稳定方面。

由于性能表是阶梯形的有级数值，所以，当实际工作幅度处于表中给定两个数值之间时，应选用最接近的较大幅度值所对应的起重量。如主吊臂长度 13.5 m，工作幅度 7.5 m，这时应选用工作幅度 8 m 时所对应的 5.2 t 的起重量。如选用 6.5 t 起重量将会超载导致危险。因此，一定要牢记，上述曲线或表格所规定的起重量是满足其作业条件下数值。

三、作业条件

1) 起重机司机必须持有安全技术操作许可证。严禁无证操作和酒后开车。

2) 起重机必须经劳动部门检验合格，取得准用证，并在其有效期内。

3) 起重机的各类限位装置，限制装置齐全有效；制动器、离合器、操纵装置零部件齐全有效；钢丝绳安全状态符合要求。

4) 不得在高压线附近进行作业，特殊情况下应采取可靠的停电措施，或保持必要的安全距离，吊臂顶端要离高压电线 2 m 以上（20 kV 高压线）。

5) 夜间作业应保证良好的照明。
6) 允许工作风力一般规定在5级以下。
7) 在化工区域作业时，应使起重机的工作范围与化工设备保持必要的安全距离。
8) 在易燃易爆区工作时，应按规定办理必要手续，对起重机的动力装置、电气设备等采取可靠的防火、防爆措施。
9) 在人员杂乱的现场作业时，应设置安全护栏或有专人担任安全警戒任务。

四、支腿操作

1) 放支腿前应当了解地面的承压能力，合理选择垫板的材料、面积及接地位置。防止作业时支腿沉陷。
2) 放支腿前注意挂上停车制动器，拔出支腿固定销。
3) 打支腿时应注意规定顺序，一般先放后支腿、再放前支腿。收腿时顺序相反。
4) H形支腿起重机不宜架设过高，通常以轮胎离开地面少许为宜。
5) 在架设支腿时应注意观察，使回转支撑基准面处于水平。
6) 如果起重机上车也有发动机，在下车支腿放好后，应将下车发动机熄火，取力器置于空挡位置。
7) 放好支腿后应再次检查垂直支腿的接地情况，不得有三支点现象。

五、起重作业

1. 登机后应检查下列内容
①检查作业条件是否符合要求。
②查看影响起重作业的障碍因素，特别是铁路线或公路线附近的作业更应小心。
③检查起重机技术状况，特别注意安全装置工况。
④确定起重机的工作装置合乎要求、查看吊钩、钢丝绳及滑轮组的倍率。

⑤松开吊钩,仰起吊臂,低速运转各工作机构。如在冬季,应延长空运转时间,液压起重机应保证液压油在15℃以上方可开始工作。

⑥如果起重机装有电子力矩限制器或安全负荷指示器,应对其功能进行检查。

⑦如果设有蓄能器,应检查其压力是否符合规定,利用离合器操纵手柄检查离合器的功能是否正常。

⑧查看配重状态。

⑨观察各部仪表、指示灯是否显示正常。

⑩平稳操纵起升、变幅、伸缩、回转各工作机构及制动踏板,各部功能正常方可进行起重作业。

2. 变幅操作

①变幅时应注意不得超出安全仰角区。

②向下变幅时的停止动作必须平缓。

③带载变幅时,要保持物件与起重臂的距离,要防止物件碰触支腿、机体与变幅油缸。

④向上变幅可以减少起重力矩,比较安全,向下带载变幅将增大力矩,容易造成翻车事故。

⑤吊臂角度的使用范围,一般为30°~80°。除特别情况,尽量不要使用30°以下的角度。

⑥桁架式吊臂在大仰角起吊较重物品时,如果将重物急速下落,吊臂要反向摆动,会倒向后方,所以在注意吊臂角度的同时,要缓慢下落重物。

3. 吊臂伸缩

①向外伸出吊臂时应注意防止吊臂超出安全仰角区。

②在保证工作需要的基础上,尽量选用较短吊臂工况作业。

③必要时吊臂可以带载伸缩,但应遵守重量的规定。

④如不属于特殊工况要求,尽量不要带载伸缩。因为带载伸缩会大大缩短伸缩臂间滑块的使用寿命。

⑤在进行吊臂伸缩时,应同时操纵起升机构,注意保持吊钩的安全距离,防止吊钩发生过卷。

⑥同步伸缩起重机,若前节吊臂的行程长于后节吊臂时,则为不安全状态,应予以修正或检修。

⑦对于程序伸缩机构,必须按规定编好程序,才能开始伸缩。

4. 起升操作

①要严格做到"十不吊"。

②检查滑轮倍率是否合适,配重状态与制动器功能等。对于倍率改变后的滑轮组,须保持吊钩旋转轴与地面垂直。

③起吊较重物件时,先将其吊离地面少许,然后查看制动、系物绳、整机稳定性、支腿状况等,发现有可疑现象应放下重物,予以认真检查,起升操作应平稳,绝对不要使机械受到冲击。

④在起升过程中,如果感到起重机接近倾翻状态或有其他危险时,应立即将重物降落在地面上。

⑤即使起重机上装有防过卷装置也要注意防过卷。

⑥起吊物件重量轻、高度大时,可用油门调速及双泵合流等措施提高工效。

⑦安装物件即将就位时,应采取发动机低速运转,单泵供油,节流调速等措施进行微动操作。

⑧空钩时可以采用重力下降以提高工效。在扳动离合器杆之前,应先用脚踩住踏板,防止吊钩突然快速自由下落。

⑨带载重力下降时,带载重量不应超过该工况额定重量的20%,并控制好下降速度,当停止重物下降时,应平稳增加制动力,使重物逐渐减速停止,如果紧急制动,会使吊臂、变幅油缸及卷扬机构受损,甚至造成翻车事故。

⑩当放下重物低于地表面时,要注意卷筒上至少应留有3圈钢丝绳的余量,防止发生反卷事故。

⑪如果卷扬钢丝绳不正确地缠绕在卷筒或滑轮上,切记不可用手去挪动,可用金属棒进行调整。

⑫操作者应清楚知道起吊物的重量以及吊钩滑轮组的重量。当起吊的物件重量不明，但认为有可能接近于该幅度下的临界起重量时，必须先将重物稍微升起，检查其稳定性，确认安全后，才可将物件吊起。

⑬当起吊的物件在安装就位中需要焊接时，信号员应通知操作者切断电源。

⑭起吊物件的重量不得超过该幅度相对应的额定起重量。

⑮暂时停止作业时，应将所吊物件放回地面。

5. 回转操作

①在回转作业前，应注意观察在车架上，转台尾部回转半径内是否有人或障碍物；吊臂的运动空间是否有架空线路或其他障碍物。

②回转作业时，首先鸣喇叭提醒人们注意，而后解除回转机构的制动或锁定，平稳操纵回转操作杆。

③回转速度应缓慢，不得粗暴使用油门加速。严防重物在摆动状态下回转。

④当吊物回转到指定位置前，应先缓慢收回操作杆，使物件缓慢停止回转，避免突然制动，使物件产生摆动。

⑤起重物件未完全离开地面前不得回转。

⑥在同一个工作循环中，回转动作应在伸臂动作和向下变幅动作之前进行；而缩臂动作和向上变幅动作亦应在回转动作之前完成。

⑦在起吊较重物件回转前，再次逐个检查支腿工况，这一点特别重要，经常发生吊臂回转时，因个别支腿发软或地面不良而造成事故。

⑧在起吊较重物件回转时，可在物件两侧系有牵引拉绳，防止重物摆动。

⑨在岸边码头作业时，起重机不得快速回转，防止因惯性力发生落水事故。

第九章
塔式起重机安全技术

塔式起重机在建筑施工中已经得到广泛的应用,它是一种塔身直立,起重臂旋转的起重机,起重臂与塔身构成"厂"字形结构,故可以靠近建筑物布置。由于塔式起重机的高度与其支撑点间距尺寸的比值较大,所以保证其稳定性是一个十分重要的问题。

塔式起重机的起重力矩是确定和衡量塔式起重机起重能力的主要参数。

塔式起重机由起重臂和塔身组成承重结构,还有起升、旋转、运行、变幅等工作机构及安全装置组成。

第一节 塔式起重机的分类

塔式起重机按照不同的分类方法可分为不同类型:
一、按旋转方式分
1. 上旋式
塔身不旋转,在塔顶上安装可旋转的起重臂,对侧有平衡臂。
2. 下旋式
塔身与起重臂一起旋转,起重臂固定在塔顶,平衡重及旋转机构均布置在塔身下部。
二、按变幅方式分
1. 压杆式起重臂

起重机变换工作半径,是靠改变起重臂的倾角来实现的。

2. 水平小车起重臂

起重机的起重臂固定在水平位置上,倾角不变,变幅是通过起重臂上的起重小车运行来实现的。

三、按起重量分

1. 轻型

起重量在 0.5~3 t,适用于一般五层以下住宅楼施工。

2. 中型

起重量在 3~15 t,适用于一般工业建筑安装工程和高层建筑施工。

3. 重型

起重量可达 75 t 以上,用于重型工业厂房及高炉设备安装。

第二节 压杆式起重臂塔式起重机

以 TQ 60/80 塔式起重机为例介绍如下。

一、构造

1. 门座

是整个起重机的基础,所有机构和压重均装于其上。门座由两个侧架(一为活动端,一为固定端)和一个长方形平台组成,活动侧架的两端用上下两副铰链与三角形刚体构架相连接,三角形构架下面各装有被动运行台车架。在固定侧架两端下部各装有主动台车架,四个台车架上装有两个运行车轮,两个侧架的支柱上各装有夹轨钳,起重机停止工作时将夹轨钳锁牢(见图9—1)。

2. 塔身

塔身由若干标准节组成,使用时可按高塔、中塔、低塔分别组成不同高度。中塔全高 40 m,塔身为 6 节,每节 5 m,门座上

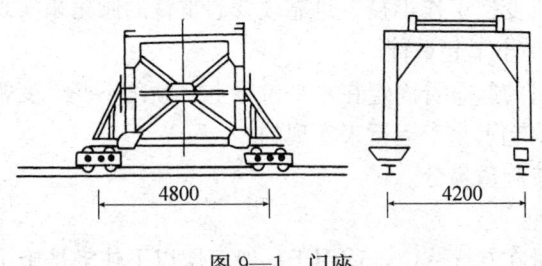

图 9—1 门座

压铁 30 t。高塔 50 m（增加两个标准节）。低塔 30 m（减少两个标准节）。

3. 起重臂

起重臂的长度可根据工作需要接成 15 m、20 m、25 m，也可增接到 30 m。每节可以互换，臂架的首末两节变窄以便于和塔架连接。端部配置有导向滑轮及起升高度限制器。

4. 配重臂

也称平衡臂，臂长 8 m，尾端为配重斗，内装配重铁 5 t，臂上装有变幅卷扬机。

5. 塔顶

下端是方柜形，上端是正方形锥体，锥体腰部装有可调节的八个拖轮，支撑着塔帽下部的内齿圈，并随塔帽旋转而转动，滚轮轴为偏心轴可以调节外接圆的直径，框架内装有旋转机构。

6. 塔帽

是支撑塔式起重机吊重的主干，它前接起重臂，后连配重臂，塔帽是一个锥形框架，顶端有压力轴承，下端有内齿圈，塔帽上装有三个滑轮，起重钢丝绳和变幅钢丝绳分别通过滑轮，一个引向起重臂，一个引向变幅卷扬机。

二、工作机构

塔式起重机的工作机构主要由起升机构、变幅机构、旋转机构和运行机构组成，不同类型的塔式起重机，工作机构的结构可以不同，TQ 60/80 塔式起重机的工作结构有：

1. 运行机构

运行机构由主动台车、减速器、被动台车三部分组成。两主动台车对称安装在门座固定端一边，由 7.5 kW 电动机驱动。被动台车仅有车轮而无传动机构。运行机构没有制动器，避免刹车时引起塔机的剧烈振动和倾斜。

塔式起重机一般都是在直线轨道上工作，但遇到建筑平面形状比较复杂时，则要求塔机具有较好的移动性能，不用重复拆卸和安装，就能直接由一处工作段移到另一工作段，在绕过建筑物转角时，则要求塔机能够转弯。

对于塔机一般都采用双轮缘行车轮，轮缘间距比钢轨断面宽度只大 10~20 mm，这主要是用来补偿起重机轨道安装误差及较小的歪斜，预防车轮卡住。塔机沿曲线轨道运行时，应避免轮缘嵌入钢轨部分与曲线轨道直接卡住，其办法是将台车与起重机底盘做成水平的和垂直的双铰接，来解决由于内轨和外轨曲率不同，造成的车轮的横向位移。

门座是由一个活动钢架和一个固定钢架组成，把四个运行台车分别装在两个钢架的下部。由于台车采用双铰链与钢架连接，故可以做水平和垂直方向转动，台车能绕竖轴转动一个角度自行转弯。为克服内轨与外轨的曲率不同，把活动钢架放在曲率半径小的内轨侧，把固定钢架放在曲率半径大的外轨侧，因为活动钢架的两翼转动，钢架平面可由直线变成凹形，内轨的两台车可不在一个直线上，借以克服由于内外轨曲率不同引起的车轮卡轨问题，可在一定曲率半径的弯道上通过。

2. 起升机构

起升机构由吊钩钢丝绳，滑轮组，卷筒，减速器，电动机，制动器等组成。QT3—8 起重卷扬机构由 22 kW 电动机驱动，为达到迅速停车时制动和第一、二挡的调速，装有电力液压推杆制动器，其制动力矩为 800 N·m，起升机构不工作时制动机构处于制动状态。

起重卷扬机构是起重机的主要工作机构，工作荷载均通过此机构实现上升、下降。QT3—8 起重卷扬机底座是悬挂式的，两个支点固定在横梁上，并以此支点为旋转轴，上下浮动，而另一端由防倾装置的弹簧拉杆来支撑。

3. 旋转机构

塔机旋转部分与固定部分的相对转动，是借助电动机驱动旋转支撑装置所组成的单独机构来实现的。QT3—8 是属于上旋式塔机，塔帽顶端由内塔架的竖轴来支撑，垂直载荷通过竖轴传递给塔身，塔帽下部连接带内滚道的大齿轮和小齿轮，滚道由安装在内塔架（塔顶）变截面处的八个水平支撑滚轮所支撑，以承受由载荷及平衡重产生的水平力，滚道与水平支撑滚轮的间隙可借助装在支撑滚轮内的偏心轴来进行调整。由于选用了双头蜗杆，避免蜗轮传动的自锁性，使之成为可逆传动，当风大时可将起重臂吹向背风向，避免停车的冲击。另一端装有一锁紧制动机构，主要用于大风天气工作时，将起重臂锁在一定位置，保证工件准确就位，此装置不是制动装置，旋转停止后才能使用，否则会造成过大的扭矩。

4. 变幅机构

压杆式塔机随臂杆仰角的变化，起重机的起升高度、作业半径和起重量也随之变化，在水平小车起重臂的塔机中，起重机由载重小车沿起重臂移动来改变作业半径和起重量，而起重臂的仰角不变，始终保持水平方向。

QT2—6 塔机是采用手摇卷扬机进行变幅的，它安装在平衡臂端的塔帽结构上，手摇卷扬机操作不便，费时、费力。

QT3—8 塔机的变幅机构，是由装在起重臂头部与塔帽顶之间的滑轮组和安装在平衡臂前半部的变幅卷扬机组成，滑轮组的绳索引出端经塔顶的导向滑轮固定在卷筒上，变幅卷扬机由电动机驱动。在减速箱里装有蜗轮—摩擦盘锁紧装置的特殊机构，它保证起重臂在自重和吊重的作用下不会自行溜车，确保使用安全。

三、路基与轨道

塔吊的路基与轨道铺设的如何，直接影响塔吊使用的稳定性。

1) 地耐力。QT3—8塔吊要求地耐力为 $12\sim16$ t/m^2。

2) 排水。轨道路基必须有良好的排水措施。

3) 路基。在压实的土壤上可先铺一层 $50\sim100$ mm 厚的黄砂，掺少量水压实，然后再铺碴石。为使砂石不流失，可在沿外侧用砖砌防护墙。

4) 枕木。枕木规格为 180 mm×260 mm×5 200 mm，枕木间距为 600 mm，如使用一长两短枕木间隔铺放时，每 10 m 在两轨间加一根槽钢拉条，以保证轨距。

5) 钢轨。一律用 43 kg/m 规格的钢轨。

6) 轨距。轨距中心 4 200 mm，允许偏差±3 mm。两轨顶横向同一截面标高允许误差不大于 4 mm。轨道纵向坡度要求不大于 1/1 000。

7) 接头。轨道接头高低差不大于 2 mm，接头位置必须交叉错开≥1 500 mm，钢轨接头处枕木间距不大于 500 mm。

8) 接地。轨道必须有完善的接地装置，按轨道长度每 30 m 做一组，其重复接地阻值不大于 4 Ω。两轨应做环形电气连接，轨道接头处应用导线跨接，以保证接地良好。

四、技术性能

起重机技术性能一般包括：起重能力、工作机构、速度、外形尺寸、重量、电气设备、钢丝绳规格等。

1. 起重能力

起重能力是用起重机的特性曲线来表示的，特性曲线的绘制是根据起重幅度，起重量来决定，即起重量的曲线是根据最大的起重幅度、最小的起重量和最小起重幅度、最大起重量来确定。

例如绘制 TQ 60/80 起重机的特性曲线（见图 9—2）。塔式起重机是按塔身高度不同分为高、中、低三种，高塔起重力矩 60 t·m，中塔 70 t·m，低塔 80 t·m。

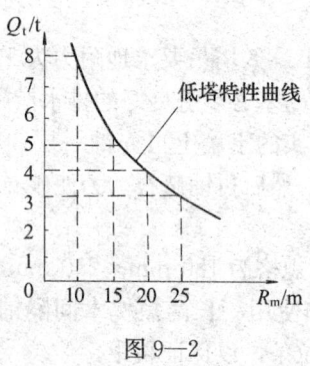

图 9—2

绘制时可用力矩的关系式，即起重力矩＝起重量×作业半径。以纵坐标表示起重量（Q），横坐标表示作业半径（R），因为起重力矩可以设定 Q 求 R，也可以设定 R 求 Q，然后把点连起来。就是一条曲线。

$$起重力矩 = R_m \times Q_t$$
$$80 \text{ t·m} = 25 \times 3.2$$
$$= 20 \times 4$$
$$= 15 \times 5.30$$
$$= 10 \times 8$$

这样在一般情况下，要知道起重机在某一幅度的起重量，就可以从起重机的特性曲线中查出。

2. TQ 60/80 起重机技术性能

（1）起重能力（表 9—1）

其中 30 m 臂长为加长臂，加长臂起重力矩为 60 t·m。

表9—1

塔级 \ 项目	起重臂长度 (m)	幅度 (°)	起重量 (t)	起重高度 (m)
低塔 (80t·m)	△30	30	2	28
		14.60	4.10	48
	25	2.5	3.20	27
		12.30	6.50	44
	20	20	4	26
		10	8	40
	15	15	5.30	25
		7.70	10.40	35

实际上QT 60/80塔式起重机工作幅度的变化是通过起重臂杆上升或下降，变化仰角来实现的，所以，司机看到的是在司机室内的角度指示灯，其角度为10°12′；10°12′~20°42′；20°42′~34°42′；39°~48°12′；52°42′~62°42′；62°42′。其中10°12′为起重臂幅度的下限位，62°42′为上限位。

从表9—2可以查出QT 60/80低塔在不同长度的起重臂和不同仰角情况下的相应起重量（目前有的塔式起重机装置了电子式力矩限制器，也可以直接以数字显示出工作幅度）。

表9—2　　　　　　　　　不同仰角的起重量

塔级 \ 项目	起重臂长度 (m)	不同幅度的起重量（t）				
		10°12′~20°42′	28°12′~34°42′	39°~48°12′	52°42′~62°42′	62°42′
低塔 (80 t·m)	25	3.2	3.5	4	5	6.6
	20	4	4.4	5	6.30	8
	15	5.4	5.8	6.6	8.2	10.30

(2) 工作速度

表 9—3

项目	数值
起重速度（m/min）	双绳 $v_1=21.50$ $v_2=16.40$
运行速度（m/min）	17.50
旋转速度（r/min）	0.60
变幅速度（m/min）	单绳 8.50

(3) 外形尺寸

表 9—4 (m)

外形	数值
轨距	4.20
塔顶标高	30～50
最大高度	68
起重臂长	5～30

(4) 重量

表 9—5 (t)

自重	35～41
压重	30～46
平衡重	5
总重	70～92

(5) 电气设备

表 9—6

部位	型号	JC（%）	转速（r/min）	功率（kW）	数量
起重机构	JZR51—8	25	725	22	1
变幅机构	JZR31—8		702	7.50	1
行走机构	JZR31—8	25	702	7.5	2
旋转机构	JZR12—6	25	925	3.5	2

（6）钢丝绳

表 9—7

部位	直径（mm）	规格	长度（m）
起重机构	ϕ17.50	6×37+1	～250
变幅机构	ϕ17.50	6×37+1	～75

第三节　自升塔式起重机

一、简介

随着高层建筑的日益增多，为节约用地和适应高层建筑施工的需要，选用自升塔式起重机作吊装机械是比较经济合理的。

1）自升塔式起重机是随建筑物的升高而升高，能够满足高层施工需要。

2）可以不用铺设轨道，它属于小车运行式变幅塔吊，臂杆长度大，覆盖面大，适用于施工现场窄小的高层建筑施工。

3）司机室在塔顶上部，司机视野好，便于看清现场作业条件，利于安全生产。

4）可有多种用途

①附着式。附着在建筑物一侧，由建筑结构承担起重机带来的水平载荷，起重机主要承受垂直载荷，由于增加了附着，塔身

自由高度大大减少，从而增加了塔身的稳定性。

②运行式。利用固定自升塔的底盘加装运行台车，便可在轨道上行走。

③内爬式。在建筑物内部（电梯井或楼梯间）全部载荷传递给建筑物，借助一套托梁和提升系统进行爬升。其塔身只有 20 m 左右，每隔 2~3 层爬升 1 次。

二、构造

以 QTZ—200 型自升塔式起重机为例。它是采用小车变幅，爬升套架，塔身接高的三用自升塔式起重机。这种塔机通过更换或增加一些辅助装置，可分别用于轨道式，附着式和固定式三种塔吊。它采用了液压顶升系统，塔身可随建筑物升高而升高，司机室在顶部，其外部形状如图 9—3 所示。

金属结构包括：底架、塔身、顶升套架、顶座及过渡节、转台、起重臂、平衡臂、塔帽附着装置等部件。

1. 塔身

是由第一节、第二节、4 个增强节和 22 个标准节构成。每节高 2.5 m。轨道式塔式起重机其臂根铰点最大高度为 55 m，增加附着后可达 88 m。每台塔机配三套附着装置，QTZ—200 型塔机其附着间距为 16~20 m，最下一道附着间距塔身底架不大于 50 m。附着框架要固定牢靠，不准有任何滑动。

2. 起重臂

其断面为三角形或四边形，是受弯构件。载重小车沿起重臂移动实现变幅，起重臂的下弦杆安装小车轨道。起重臂由六节组成，全长 40.68 m。

3. 平衡臂

全长 20 m，平衡重由 4 个平衡重块和 8 个悬接体组成，可根据塔机的不同工作情况，移动平衡重的位置。

4. 顶座套架

是用无缝钢管焊成的移动框架，其一侧开有门洞，并有引进

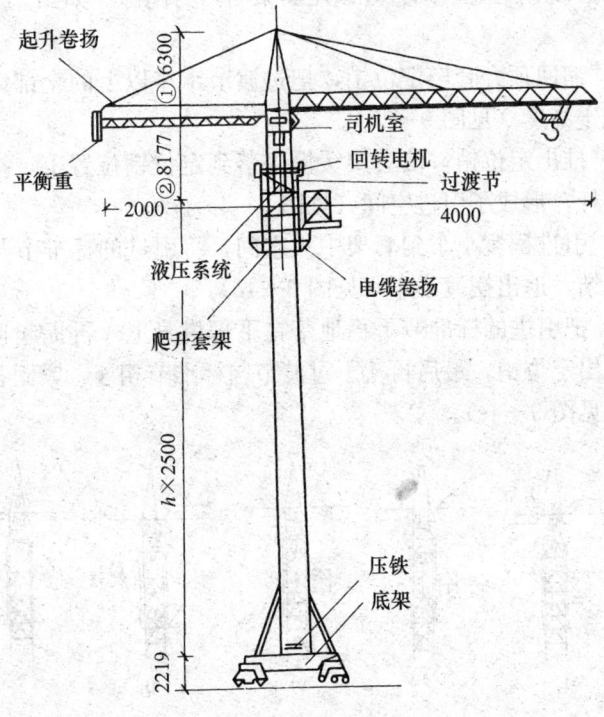

图 9—3 QTZ—200 自升塔

轨道和摆渡小车,供引进塔身标准节用。套架内装有液压千斤顶、顶升横梁、电缆卷筒等。

5. 过渡节

在顶升套架上面是过渡节及回转机构,塔身升高时,主要是顶升过渡节以上部分(包括回转机构、司机室、塔帽、起重臂、平衡臂),由过渡节座架承受上部的载荷。通过定位销固定在塔身上,然后引进标准节接高塔身。

三、塔身接高的顶升程序

1. 顶升程序

1)将起重臂回转到引入塔身标准节方向,吊起一个标准节放在摆渡小车上，调整好顶座套架与塔身间隙。如图 9—4a 所示。

2) 缩回顶升套架定位销，把过渡节承座以上的全部结构顶升到规定高度（见图 9—4b）。

3) 推出定位销，使套架缓慢降落到定位销位置上，推起顶升活塞杆，形成了引进空间（见图 9—4c）。

4) 引进摆渡小车到套架中央空间，将引进的标准节与上部结构联结，退出摆渡小车（见图 9—4d）。

5) 把引进的标准节平稳地落在下部塔身上，再提起顶升套架，拔出定位销，最后再落下过渡节与标准节相连，紧固各部的螺栓（见图 9—4e）。

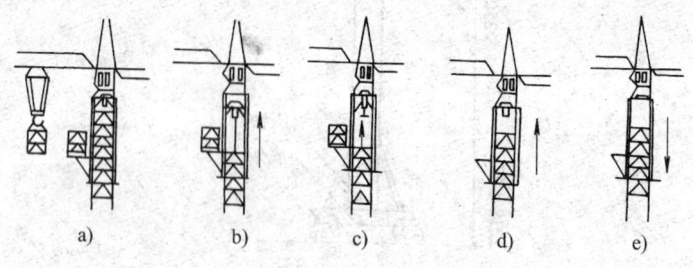

图 9—4　塔身顶升程序图

2. 顶升注意事项

1) 四级风以上的天气不允许进行顶升作业。

2) 多台塔机同时作业时，相邻两台塔高度差不小于 5 m。

3) 顶升作业要专人指挥，电源、液压系统等均要有专人操纵。

4) 顶升前，应把平衡重和起重小车及吊重按说明书要求位置移向塔中心。

5) 检查定位销，调整导轮间隙以 2～5 mm 为宜。

6) 顶升横梁应严格放在指定位置上。

7) 顶升过程中严禁旋转塔机。

8) 顶升应逐渐进行，先试顶升，待无误时，再继续顶升。

9) 在齿轮泵最大压力下，不准连续工作 3 min。

10) 顶升完毕，要检查电源是否切断，左右操纵杆要恢复到中间位置，套架导轮与塔身脱离接触，各段螺栓要紧固牢。

11) 根据第一道锚固装置距地面一般为 25 m，以后每隔 16～20 m 锚固一道的规定，塔身顶升到一定高度就要进行锚固。在安装锚固装置时，要用经纬仪检测塔身的垂直度。允许有 1‰～2‰的高度偏斜，必要时要调整锚固拉杆。要经常检查锚固装置的牢固程度，防止任何情况下的滑动。

四、工作机构

1) 运行机构

由底架、4 个支腿、4 个台车组成。装有 4 个夹轨钳。

2) 起升机构

起升卷扬机由两台 45 kW 电机驱动，可形成 4 挡速度。

3) 变幅机构

起重小车上除 8 个运行车轮以外，还有 4 个导向轮。起重臂根和头部装有缓冲块和限位开关，以限定小车行程。

4) 回转机构

由 2 台 5 kW 电机驱动。塔帽回转设有手动液压制动装置，在风力较大时，转向定位后，用手动制动帮助就位。

5) 平衡重的牵引是由 3 kW 电动机驱动，可根据需要调整位置。平衡臂两端设有缓冲块和限位开关。

6) 顶升液压系统有平衡阀，保持油路安全操作。

五、基础

QTZ—200 型塔式起重机有轨道式和固定式两种，其地耐力要求 200 kN/m^2。

1) 轨道式基础。轨距 6.5 m，采用 43 kg 和 50 kg 钢轨，每隔 6.5 m 设一道拉杆，两端设止挡及行程极限限位，作接地保护，其电阻值不大于 4 Ω。

2）固定式基础。挖坑槽深为 600 mm，在灰土垫层上浇注混凝土，表面平整，有防水和接地保护措施。

六、起重性能

表 9—8　　　　　　　起重性能

起重臂长度 (m)　　项目	L_1		L_2		L_3		L_4	
	40.68		35.28		28.08		20.88	
最大起重力矩 (kN·m)	1 400		1 400		1 600		2 000	
最大幅度 (m)	40	11~3.50	35	20~3.5	28	17~3.50	20	12~3.5
最大起重量 (t)	3.5	6.50	4	8	5.7	10	10	20
起重小车数	1	1	1	1	1	1	1	2
滑轮组钢丝绳倍率	2	4	2	4	4	4	4	8
平衡重 (t)	8		8		4		4	

第四节　安全装置

塔式起重机常用的安全保护装置一般有以下几种：

动作保护装置：起重载荷限制器、起重力矩限制器、极限力矩联轴器、风向风速仪、行程限位装置、防风夹轨器、缓冲器及车轮架上的防护挡板等。

电气保护装置：零位保护、过电流继电器、紧急开关、熔断保护及电源指示装置等。

建设部还明文规定："塔式起重机必须安装行程、吊臂变幅、吊钩高度、超载等限位装置和吊钩、卷筒保险装置。"简称"四限位""两保险"。

一、动作保护装置(""四限位""两保险")

1. 行程限位装置

轨道式起重机(或起重臂上水平小车)运行机构,应安装极限位置限制器。一般可在主动台车的内侧安装行程开关,行程开关的扳把由极限位置挡板拨动,在轨道行程尽端安装极限位置挡板,安装位置应充分考虑起重机的制动行程。起重机运行到极限位置时,挡板拨动行程开关扳把,即切断运行控制电路电源,当重新合闸时,起重机只能向相反方向运行。

2. 幅度限位与指示装置

安装在塔帽通轴外端的架子上。由一活动的半圆形盘、拨杆及两个限位开关组成。拨杆随起重臂而转动,带动圆盘转动,电刷与转动的半圆形盘上的各触点根据转动的角度位置分别接通,将起重臂的不同倾角通过灯光信号,传递到司机室的指示盘上。当起重臂变幅到上下两个极限位置时,则分别撞开两个限位器,切断电路,起到保护作用。另外,司机可根据指示盘上灯光信号,确知起重臂的实际倾角,以便对起重机的工作幅度及起重量进行控制(见图9—5)。

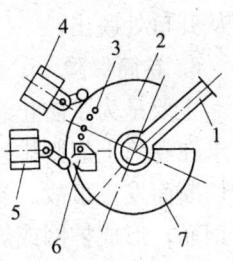

图9—5 幅度限位装置
1—拨杆 2—刷托 3—电刷
4—下限位开关 5—上限位开关 6—撞块 7—半圆形活动转盘

3. 吊钩高度限位装置

装在起重臂的前端,由一杠杆架推动,当吊钩上升到上极限时,托起杠杆架,压下限位开关,切断控制回路,主卷扬机停车,此时重新合闸,只能使起重机向下降方向开动。

4. 超载保护

(1)超载防倾装置

装在司机室的下边，与浮动卷扬机架的连杆相接，当吊起重物时，钢丝绳的张力拉着卷扬机上升，托起连杆，压缩防倾装置的弹簧，顶起球形触头，当达到预先调整的限位高度时，推动杠杆撞板，使限位开关的触点打开，从而切断控制电路。

（2）起重力矩限制器

详见第四章起重机的安全防护装置。

5. 防脱钩装置

在吊钩的开口处装有弹簧盖将开口封闭，弹簧盖的开启方向只能向下不能向上。使用时，将吊物索具向下压开弹簧盖挂进吊钩，由于弹簧盖自动弹回，封闭了吊钩的开口，从而可以防止吊索从开口处脱出。

6. 卷筒保险

主要是为了防止卷扬机卷筒工作中，因故障使钢丝绳不能按要求在卷筒上规则排列，致使钢丝绳越出卷筒而造成钢丝绳被齿轮切断而发生事故。卷筒保险装置的做法，可以在卷筒的最外部焊钢筋，形成护网或焊卷筒半周的钢板进行防护，避免钢丝绳在卷筒上排列过高时，发生咬绳断绳事故。

二、电气保护装置

塔式起重机的电气保护装置有：

1）零位保护。利用按钮开关控制起重机，工作前各控制器必须放置在零位，防止出现失误动作。

2）过电流继电器。各机构电动机的过载和短路保护。

3）紧急开关。紧急断电保护。

4）熔断器保护。实现控制回路和照明回路的接地或短路保护。

第五节　塔式起重机的稳定性

一、什么是稳定性

对于塔式起重机来说，稳定性就是指其抵抗翻车的能力。一般塔式起重机的高度与其支撑轮廓尺寸的比值都很大，就像一个细长的杆，其重心比较高，所以要保证塔式起重机使用当中的稳定性，是一个十分重要的问题。

二、稳定系数

塔式起重机的稳定性，通常用稳定系数来表示。所谓稳定系数就是指塔式起重机所有抵抗翻车的作用力（包括车身自重、平衡重）对塔式起重机倾翻轮缘的力矩，与所有倾翻外力（包括风力、重物、工作惯性力）对塔式起重机倾翻轮缘力矩的比。

三、影响稳定的因素

1. 风力

虽然在设计时考虑了风力的作用，但由于六级以上大风对稳定性不利，因此操作规程规定遇有六级以上大风不准操作。

2. 轨道坡度

操作规程中对轨道坡度的严格要求也是从稳定性出发的，因为坡度大了，车身自重及平衡重的重心便会移向重物一方从而减小稳定力矩，另外因塔身倾斜吊钩远离塔机中心，从而加大了倾翻力矩，这样就使稳定系数变小了，增加了塔式起重机翻车的危险性，所以要求司机应经常检查轨道。

3. 斜吊重物

塔式起重机的正确操作应该是垂直起吊，如果斜吊重物等于加大了起重力矩，即增大了倾翻力矩，斜度越大，力臂越大，倾翻力矩越大，稳定系数就越小，因此操作规程规定不许斜吊重物。

4. 超载

塔式起重机操作中严禁超载，一方面是考虑起重机本身结构安全，另一方面是考虑稳定性的需要，因为重量越大，产生的倾翻力矩也越大，很容易使起重机翻车。从大量的倒塔事故分析，造成倒塔的原因中，超载使用是最主要的原因。

5. 平衡重

塔式起重机的平衡重是通过计算选定的，不能随意增减。减小平衡重等于减小稳定力矩，对稳定性不利，增加平衡重也会因增加金属结构和运行机构的负担，而不利于塔机的正常工作。平衡重过大时、空载时有向后倾翻的危险。

第六节 安全操作规程

一、一般要求

1) 司机必须专门培训，经劳动部门考核发证方可独立操作。

2) 司机应每年体检，酒后或身体有不适应症者不能操作。

3) 实行专人专机制度，严格执行交接班制度，非司机不准操作。

司机应熟知机械原理，保养规则，安全操作规程，指挥信号并严格遵照执行。

4) 新安装和经修复的塔式起重机，必须按规定进行试运转，经有关部门确认合格后方可使用。

二、操作前的要求

1) 检查路基是否符合说明书要求，轨道上无障碍物，轨端止挡体是否牢固，行程开关是否可靠。

检查轨道坡度，两轨高低差及轨道是否符合规定。

2) 各传动部分，减速器油量是否充足，各部螺栓是否紧固。松开夹轨钳试运转，检查传动部分有无异响及制动闸瓦的松紧程度。

3）在总闸闭合后，用试电笔检查电器及控制器外壳，确认安全后，方可上机。

4）检查钢丝绳的磨损情况。

5）工作开始前，应作一次全面检查，检查各控制器及传动装置、制动的可靠性，确认各部机件完全正常时，方可进行操作。

三、操作中的要求

1）必须严格掌握起重机规定的起重量，详细了解被吊物，不得超载作业。

2）司机与信号指挥人员要密切配合，信号清楚后方可开始操作。各机构动作前先按电铃，发现信号不清要停止操作。

3）严禁任何人员乘坐或利用起重机升降。

4）操纵控制器要从零位开始逐级操作，严禁越挡操作。

5）不论哪一部分在运转中变换时，首先将控制器扳回零位，待该传动停止后再开始逆向运转，禁止打反车操作。

6）起重物上升时，钩头距臂杆端部不得小于 1 m。

7）塔式起重机一般应设两名司机，一名在司机室操作，另一名司机在地面监护。

8）起重机运行时，禁止开到距端部 2 m 以内的地方。

9）塔式起重机起重臂每次变幅后，必须根据工作半径和重物重量，及时对超载限位装置的吨位进行调整。

10）起重机升降重物时，起重臂不得进行变幅操作，必须空载进行。变幅时也不能与其他三种动作（运行、旋转、起升）中任何一种动作同时进行。

11）塔式起重机作业时，禁止斜拉重物或提升埋在地下面的物件。

12）被吊物的边缘距高压线最外边水平距离不得小于 2 m。

13）两台塔式起重机在同一条轨道上作业时，两机起重钩绳之间水平距离不得小于 5 m。

塔机不得在曲率较小的弯道上作业和吊物行走。

14）工作中不允许任何人上下扶梯，严禁在工作中进行维护工作。

15）工作中、休息或下班时，不得将起重物处于空中悬挂状态。

16）作业中遇六级以上大风、大雨等恶劣气候，应停止起吊作业，将臂杆降到安全位置，卡紧夹轨钳。

17）夜班作业，必须备有充足照明，指挥与司机应使用明显的旗语信号。

四、作业后的要求

1）工作完毕起重机应开到轨道中间停放，卡紧夹轨钳，吊钩升到距离臂端 2～3 m 处，起重臂处于平行轨道方向。

2）所有控制器在操作完毕后扳到零位，切断电源总开关。

3）将司机室门窗关好，锁好后方可离开。

4）电气失火时，禁止用水扑救，应用 1211 干粉灭火器或其他不导电物扑救。

5）遇暴风天气时，塔式起重机要采取加固措施，司机室上部主杆的四个耳环用钢丝绳拉缆风并固定在地面的地锚上。

五、保养

1）上高空进行检查、加油、保养时，必须挂好安全带。

2）按润滑表及说明书规定，按时对各注油点加油。

3）按规定对各减速器加注或更换润滑油。

4）按季度对电动机及电气绝缘情况进行检查。

5）随时检查轨距水平度，路基情况及清理排水沟。

6）经常检查钢丝绳磨损及润滑，保持钢丝绳在卷筒上整齐排列。

7）注意门座、基座螺栓和各部连接螺栓以及钢丝绳卡子的紧固情况。

8）要经常保持起重机的整洁和卫生，应及时检修漏油和擦洗起重机外部污垢。

第十章
易损件的报废

关于起重机易损件的报废,目前国家还没有颁布统一的、规范的报废标准,但在 GB 6067—85《起重机械安全规程》中已对一般通用零部件规定了报废标准。关于通用零部件如取物装置、滑轮、卷筒等报废标准见第二章,钢丝绳报废标准见第三章第三节,金属结构的报废标准见第六章第二节。本章重点叙述电气装置和安全防护装置以及其他易损件的报废标准。

第一节 零件损坏的原因

起重机与一般机械设备一样,其组成的各零件之间要有相对运动,有相对的接触运动就有摩擦,有摩擦就有磨损,磨损到一定程度,零件就失去了它本应有的性能。当零件由于磨损而失去性能时就要报废更换新的零件。

起重机工作时是频繁反复的作业。时间较长时必然会给零件造成疲劳损坏,造成零件的塑性变形而失去本身的性能。疲劳损坏往往是某些零件的主要报废原因。

起重机工作运行中不可避免的会有冲击和振动,冲击和振动会使一些零件不仅出现疲劳变形还会使零件产生裂纹,甚至出现断齿、断轴等严重破坏。

由于风化、腐蚀也会使零件造成自然损坏。由于接电、断电瞬间火花又会给某些零件造成烧损。

零件的损坏原因是多种因素构成,主要原因是磨损、疲劳、冲击振动、腐蚀老化以及火花烧损。这些原因是客观存在不可避免的。但我们可以通过加强维护保养最大限度的减少零件的损坏,延长零件的使用寿命。另一方面加强对起重机的检查,一旦发现零件已损坏达到报废标准,就应即时更换,千万不可马虎大意,如果零件已达报废标准,不更新继续使用,会是非常危险的,往往会造成重大事故灾害。

起重机司机在操作中应特别注意:如起重机发生吊载刹车时出现较大的或异常的下滑,在变幅时出现臂架异常摆动,或旋转时出现异常剧烈的晃动,或运行时出现刹车滑行距离太大,以及起重机运转中出现异常声响、异常噪声、冲击振动等情况,这都有可能与零件的严重磨损、疲劳、变形、老化等破坏有关。有上述情况发生时应立即停车检查,排除故障,千万不能大意,否则极易造成重大事故发生。

第二节 常用电气元件的报废

起重机的电气系统主要是由电气控制系统和保护系统组成,另外还有电源引入系统。每个系统都由各种导线和电器组成。

一、导线的报废

导线一般多采用橡皮绝缘电线、电缆和塑料绝缘电线。

1) 当导线有机械损伤而出现漏电危险或隐患时,导线应报废。

2) 当导线因化学腐蚀、油污浸蚀、长年日照风化或在高温下工作,导线出现老化龟裂、破损而有漏电危险或隐患时,导线应报废。

3) 橡胶软缆内导线有粘连、断股时应报废。

4) 固定敷设的橡胶圆电缆因老化弯曲半径小于 5 倍电缆外径时应报废。

5）移动敷设的橡胶圆电缆因老化弯曲半径小于 8 倍电缆外径或扁电缆因老化弯曲半径小于扁电缆厚度 8 倍时均应报废。

6）敷设导线的接线盒、金属线管及线槽、在露天工作时不具备防雨水浸入性能时应报废。

7）敷设导线的金属线管、线槽腐蚀达原尺寸的 40% 时应报废。

二、电器的报废

1）各种电器触点有粘连危险或隐患时应报废或报废相应部分。

2）各种电器触点有烧伤时应报废或报废相应部分。

3）各种电器触点有严重磨损并影响有效接触时应报废或报废相应部分。

4）各种电器的联锁机构或接触机构因疲劳损坏，有碍灵活联锁或接触时应报废或报废相应部分。

5）各控制器的触头磨损量达原尺寸的 40% 时应报废或报废相应部分。

6）各控制器触头有裂纹等损伤时应报废或报废相应部分。

7）各电器外壳因机械损伤破损而有漏电危险时，外壳应报废。

8）各种电器有相对滑动接触、相对转动接触和相对滚动接触的部分，因磨损严重造成电器的动作失灵或失效时应报废或报废相应部分。

9）各种电器因频繁动作造成疲劳破坏的部分、机构、装置等，使动作失灵或失效时应报废或报废相应部分。

10）各种电器因机械损伤或疲劳造成严重变形而影响使用或有危险隐患时应报废或报废相应部分。

11）各种电器部分元件有老化和腐蚀破坏时而影响使用或有危险隐患时应报废或报废相应部分。

三、电源引入装置的报废

1）平面集电器（滑触块）磨损量达原尺寸的 50% 时应报废。

2）平面集电器的电源引入角钢滑线磨损量达原尺寸的50%时应报废。

3）平面集电器的绝缘磁管有破损时应报废。

4）平面集电器的转动销轴磨损量达原尺寸的20%时，应报废。

5）滑轮集电器的滑轮槽磨损量达原尺寸的20%时应报废。滑轮轴及滑轮轴孔磨损量达原尺寸的20%时，轴和轮均报废。

6）与滑轮集电器相配合的圆钢或铜滑线的磨损量达原尺寸的20%时应报废。

7）内藏式滑触电源引入的触头磨损量达原尺寸的30%时或因疲劳造成触头弹簧发生塑性变形、使触头不能有效与电源滑线接触时，触头装置应报废。

8）内藏式滑触电源引入的铜滑触线磨损量达原尺寸的25%时，滑触线的外槽采用塑料材料时，外槽有老化龟裂或受热变形影响有效接电时，滑线装置应报废。

9）软缆电源引入的拉紧钢丝或钢丝绳磨损量达原尺寸的20%时应报废。

10）软缆电源引入的吊线环、滑轮、销轴等磨损量达原尺寸的20%时应报废。

第三节 安全防护装置的报废

一、限位器的报废

1）升降限位器开关触点有损伤或因磨损量达原尺寸30%时或因损伤、磨损造成限位器机能失效时应报废。

2）重锤或起升限位器内的弹簧因疲劳失去弹力时，弹簧应报废。

3）螺旋式起升限位器的螺杆或蜗杆磨损量达原尺寸的20%时应报废。

4）运行行程开关动作失灵或触点磨损量达原尺寸的 30% 时或不能可靠断电时应报废。

二、缓冲器的报废

1）弹簧缓冲器因碰撞疲劳造成弹簧失去弹性或断裂，弹簧应报废；壳体因碰撞冲击出现裂纹时，壳体应报废。

2）橡胶或聚氨酯缓冲器因老化失去弹性或因碰撞而破损时应报废。

3）液压缓冲器因弹簧疲劳失去弹性或液压活塞及缸体磨损造成严重泄漏时应报废。

三、防碰撞装置的报废

激光式、超声波式、红外线式和电磁波式防碰撞装置，因剧烈的碰撞造成冲击振动损伤而失去光或电波传播反射的能力，修复不能恢复原有功能时应报废。

四、防偏斜装置的报废

当钢丝绳式、凸轮式和链轮式防偏斜装置的钢丝绳、凸轮和链轮的磨损量达原尺寸的 30% 时应报废。

五、夹轨器与锚定装置的报废

1）夹轨器的螺杆因变形严重或因磨损而影响夹紧力时应报废。

2）电动夹轨器的弹簧因疲劳弹性失效时，弹簧应报废。因风力吹动造成夹轨器各零件有疲劳、变形或裂纹伤害时，该零件应报废。

3）锚定装置的固定部分如有松动，经修复仍不能保证牢固的固定而有脱锚的危险或隐患时，锚定装置应报废。

六、超载限制器的报废

1）经修复仍不能灵敏可靠地动作的超载限制器应报废。

2）超载限制器的综合误差大于 10% 时应报废。

七、力矩限制器的报废

1）经修复仍不能灵敏可靠地动作的力矩限制器应报废。

2）力矩限制器的综合误差大于10％时应报废。

八、其他安全装置的报废

1）联锁保护开关的联锁机能失效时应报废。
2）登机信号按钮无显示，不能修复时应报废。
3）倒退报警装置不能发出报警信号时应报废。
4）扫轨板因碰撞障碍物有严重变形或开裂损伤时应报废。
5）止挡装置因碰撞造成固定连接焊缝开裂或固定连接螺栓松动变形失去固定能力或止挡装置有严重变形、破损等，止挡装置应报废。

第四节 其他易损件的报废

一、联轴器的报废

1）齿轮联轴器的齿轮、齿套的轮齿磨损量达原尺寸的20％时，齿轮齿套应报废。
2）弹性柱销联轴器的橡胶弹性圈因老化失去弹性时橡胶弹性圈应报废。
3）旋转机构用的片式摩擦联轴器的摩擦片磨损量达原尺寸的40％时应报废。
4）梅花联轴器的聚氨酯元件老化失去弹性时，聚氨酯弹性元件应报废。
5）十字轴式万向联轴器的十字轴磨损量达原尺寸的15％时，十字轴应报废。
6）液力偶合器的密封件因老化失效产生泄漏时，密封件应报废。

二、轴承的报废

1）轴承内外环及滚动体出现裂纹应报废。
2）轴承内外环及滚动体磨损量达原尺寸的5％时应报废。
3）轴承内外环及滚动体接触处出现明显的疲劳点蚀或剥落

时应报废。

4）轴承保持架破碎时应报废。

三、密封件的报废

1）密封圈唇口因磨损、老化、腐蚀等伤害造成密封性能失效时应报废。

2）密封圈的弹簧出现断裂或发生塑性变形时，弹簧应报废。

3）密封纸垫破裂时应报废。

4）密封橡胶条、垫因老化、腐蚀失去弹性时，应报废。

5）泡沫塑料、毛毡密封圈破裂时应报废。

四、轨道的报废

1）工字钢、H钢等悬挂型轨道的磨损量达到以下指标时应报废：支撑车轮的轨道踏面（工字钢、H钢下翼缘上表面被车轮踏面磨损部位）的磨损量达原尺寸的10%时；支撑车轮的轨道翼缘宽度磨损量达原尺寸的5%时。

2）轻轨、重轨、起重机钢轨及方钢等支撑型轨道的磨损量达原尺寸的10%时，轨道面宽度磨损量达原尺寸的5%时，轨道应报废。

3）起重机运行轨道有疲劳龟裂、疲劳剥落等缺陷时应报废。

4）起重机运行轨道出现局部横向塑性变形或局部扭转等变形，影响起重机正常运行，如出现严重啃轨、跑偏、蛇行等故障时应报废。

5）起重机运行轨道的固定采用螺栓压板固定装置时，如果出现轨道固定松动、侧移等，经修复仍不能保证可靠牢固的固定时，螺栓压板固定装置应报废。

6）起重机运行轨道的固定采用焊接连接或焊接压板装置时，如果固定连接焊缝有裂纹或开焊损伤时应补焊，如失去补焊的意义时，焊接压板应报废。

第十一章
电气安全与登高作业及防火知识

第一节 起重机的电气安全技术

一、电气设备的安全技术要求

起重机的电气设备在安装、维护、调整和使用中，应按原设计的图样进行，以保障电气设备和全部安全装置灵敏可靠。

起重机电气设备一般由电动机、制动电磁铁、控制电器和保护电器等设备组成。其安全技术要求如下：

(1) 电动机

起重机各部位运转的电动机应有较高的机械强度和过载能力，以带动大车、小车、主钩和副钩正常工作，并能适应频繁启动、反转、制动等要求。电动机安装前必须检验绝缘性能，定子绝缘电阻应达 2 MΩ，转子绝缘电阻应达 0.8 MΩ。在使用期间，定子绝缘电阻应达 0.5 MΩ，转子绝缘电阻应达 0.15 MΩ。

(2) 制动电磁铁

制动电磁铁与起重机电动机配合工作，在磁铁吸合和释放时，能达到工作和制动停车之用。电磁铁安装使用前必须检验绝缘电阻，其阻值与电动机定子线圈电阻值相同。如低于规定要求，须干燥并检验合格后方可使用。

(3) 控制电器

起重机的控制电器主要包括控制器、电阻器等电气设备，主要起操作和控制电动机的作用。

控制器各触头因经常开闭时产生的强烈火花而烧灼，致使转动不灵或接触不良，应经常检查，发现上述情况及时修复。

电阻器在使用中温升不宜超过 300℃，电阻器表面应保持清洁，易于散热。各电阻片需保持平直和一定间距，如发现相互接触必须及时调整校正。

（4）起重机的信号和照明装置是辅助的安全电器设备。

二、起重机保护电器的安全要求

保护电器是根据起重机在运行中的负载大小，并通过控制器和总接触器的作用，达到保护电器设备的目的。一般包括：

1. 限位保护

包括过卷扬限制器（上极限位置和下极限位置限制器）和大、小车行程限位开关。要经常检查各固定螺栓、螺母是否松动，要保证其在规定位置自动切断电源。开关内各金属触头须保持完好，各活动部位要经常润滑，防止磨损。

2. 超负荷限制器及力矩限制器

当重物的重量超过额定起重量或重物作用在具有一定幅度的吊臂上，使吊重力矩超过额定起重力矩时，超负荷限制器或力矩限制器能自动切断起升电源，并发出报警信号。要经常检查其接线是否牢固，不得有松动。保持各触头接触良好，确保动作灵敏。

3. 电气联锁保护装置

起重机的电气联锁开关设在司机室上方舱口及大车两端梁栏杆门上，当门打开时，开关的触头也打开，起重机断电停车，并能防止人员上、下大车桥架时发生人身伤害事故。应经常检查开关接触是否完好，确保动作灵敏。

4. 紧急断电保护（紧急开关）

起重机紧急断电保护，是利用装设在司机室内便于操作位置的紧急开关来实现的。其作用主要是在事故或紧急情况下用来切断联锁保护电路。因此，不允许用紧急开关代替任何正常操纵和断电开关。

5. 过流保护、零压保护和零位保护

过电流保护中包括短路和过载保护，主要采用熔断器和电磁式过电流继电器动作等保护形式。

零压保护中包括欠压保护。起重机遇有停电和电压过低时，依靠总接触器线圈失去电压或电压过低时掉闸，达到自动停车。

零位保护是指起重机各控制器的手柄不在零位时，各电动机不能开始工作的保护电器。

三、电器线路安全要求

1) 设计、安装和更换起重机电线电缆，应根据起重机的环境工作温度、接电保持率等因素，合理选择载流量。

2) 起重机的主滑线应由专用馈电线供电。对于交流 380 V 电源，采用滑线或软线供电时应备有一根专用零线或接地线，主滑线应在非导电接触面涂刷红色油漆，并在适当位置装设安全标志或指示灯。

3) 起重机的主滑线和控制滑线，有采用滑车拖拉电缆或封闭滑线方式供电及裸滑线摩擦集电供电方式两种。在采用裸滑线供电方式时，滑线应平直、光滑且无腐蚀。集电器应有足够的压力，并保持良好的导电性能。

4) 设在起重机司机室一侧的裸露滑线，应装设屏护装置，防止上、下车时发生触电事故。

5) 户外起重机一律采用管配线，户内则须采用保护式配线或管配线。采用管配线时，一管内只能穿设同一电动机导线。无腐蚀损害的作业环境可采用明敷设绝缘线。

6) 起重机配线应采用电压 500 V 的绝缘多丝铜线。

7) 起重机采用裸滑线时，应与地面或其他设施保持一定的安全距离，如对地面不小于 3.5 m，对汽车通道不小于 6 m，对一般管道不小于 1 m，对氧气管道不小于 1.5 m，对煤气、乙炔气管道不小于 3 m。

8）起重机照明和信号电源线路应接在动力总开关前，当动力部分断电时，仍能保持正常供电。

9）检修起重机时使用的照明电源电压应为安全电压。

10）起重机金属结构及其所有电气设备的金属外壳、管槽、电缆金属外皮等必须连接成连续的导体，根据电网供电方式采取可靠的接地或接零。通过车轮和轨道接地（零）的起重机轨道两端应采取接零或接地保护。轨道的接地电阻，以及起重机上任何一点的接地电阻均不得大于 $4\ \Omega$。

第二节　触电急救和人工呼吸

发生在起重机上的触电事故种类很多，如果发现有人触电，切不可惊慌失措，首先要尽快地使触电者脱离电源，然后根据触电者的具体情况，进行相应的救治。

一、迅速脱离电源的几种方法

当发现有人在低压设备线路触电时，救护人不能用手或金属物品接触触电人，而应视现场情况，采取可靠方法救护，以免使救护人受到伤害。

1. 拉闸断电

如触电地点附近有电源开关或插销，应立即打开开关或插销，切断触电电源。如触电地点距电源较远，可用绝缘钳或木柄利器（如斧头、木柄刀具等）将电源线切断，此时应防止切断后的带电部分电源线短路而造成其他事故发生。

2. 使用绝缘物品使触电人与电源脱离

当没有条件采用上述方法切断电源时，可用干燥的木棒、绳索、手套、衣服等物挑开电源线，或将触电人拖（拉）离触电电源。

3. 因电容器或电缆触电

当触电人是在电容器或电缆部位触电，应先切断电源，并且采取放电措施后，方可对触电人施救。

4. 解救触电者时，要注意做好各种防护，避免其再受到摔伤或其他伤害。

5. 如触电事故发生在晚上或夜间，切断电源时应注意现场照明，以免影响抢救工作顺利进行。

二、合理确定施救方法

触电者脱离电源后，会出现神经麻痹、呼吸中断、心脏骤停等症状，呈现"假死"状态。此时，应分别情况，迅速进行抢救。

1) 触电人神志清醒，但心慌、四肢麻木、全身无力，或者在触电过程中曾出现昏迷，但已清醒，应使触电人安静休息，不要走动，严密观察，并请医生前来诊治或送医院。

2) 触电人已失去知觉，但有呼吸，心脏仍在跳动，应将其安放在空气流通处舒适、安静地平躺，解开腰带、衣扣以利呼吸。如天气寒冷，应做好防冻，注意保温。同时迅速请医生到现场诊治。

3) 触电人已失去知觉，呼吸困难，应立即在现场进行人口呼吸急救。

4) 触电人呼吸或心脏跳动完全停止，应立即在现场施行人工呼吸和胸外心脏挤压法急救。

应当注意，急救必须尽快并且不间断地进行，即使在送往医院的途中也不能中止。

三、对触电者急救时应注意的问题

1) 施行人工呼吸前，应解开触电者的衣扣、腰带等，以免妨碍呼吸。同时应取出其口中的假牙、食物、黏痰等妨碍呼吸的物品，以防止呼吸道堵塞。

2) 根据触电者的身体特点采用适当的急救方法，如对孕妇和年老体弱者宜用仰卧牵臂或口对口吹气法。

3) 抢救时应保持触电人的体温，不要使其直接躺卧在冰冷潮湿的地面上施救。

4）人工呼吸应不间断地连贯进行，换人施救时节奏要一致。被救人有微弱呼吸时要继续进行，直到呼吸正常为止。

5）急救时禁止使用"肾上腺素"等强心剂。对触电时发生的不危及生命的轻度外伤，可在触电急救后处理。严重外伤，应与人工呼吸同时处理。

四、人工呼吸急救方法

人工呼吸急救方法是用施救人工的力量，促使被救人肺部膨胀和收缩，达到呼吸目的的方法。常用的方法有四种，即俯卧压背法、仰卧牵臂法、口对口（鼻）吹气法和胸外心脏挤压法。

1. 俯卧压背法

触电人背向上俯卧，一只手臂弯曲枕在头下，另一只手臂沿头一侧向上平伸。救护人面向被救人头部，两腿骑跨在被救人臀部两侧，两手五指并拢，两手掌分别压在被救人后背下部两侧、小手指与最下一根肋骨相触的位置上。施救时，救护人身体向前方倾斜，以身体重量通过两掌下压形成被救人肺部压缩而呼气，然后救护人身体后仰，手掌放松（但不要离开身体），使被救人肺部放松形成吸气。如此反复进行，频率每分钟约 18 次左右。操作方法如图 11—1 所示。

图 11—1　俯卧压背法

2. 仰卧牵臂法

触电人面朝上仰卧，肩胛下垫软柔物品，使其头后仰，清除口中异物，拉出舌头。救护人在他的头前跪立，两手分别握住被救人的两手腕部。施救时，先牵其两臂弯曲压在自身前胸两侧，肺部收缩，形成呼气；然后再将其两手牵直向上拉至头部两侧，肺部放松形成吸气。反复进行，频率每分钟约18次左右。操作方法如图11—2所示。

图11—2　仰卧牵臂法

3. 口对口（鼻）呼吸法

口对口（鼻）人工呼吸急救时，应使触电人仰卧，并使其头部后仰，颈部伸直，鼻孔朝上，以利于呼吸畅通。操作步骤如下：

1) 救护人一只手捏紧被救人的鼻孔，另一只手的拇指和食指掰开他的嘴（如掰不开可采用口对鼻吹气的方法），然后深吸一口气后，用嘴紧贴被救人的口（鼻）向内吹气，时间约2秒，使其胸部膨胀。如图11—3所示。

2) 吹气完毕，立即离开被救人的口（鼻），放松捏紧的鼻孔，使其自然呼气，时间约3秒。如图11—4所示。

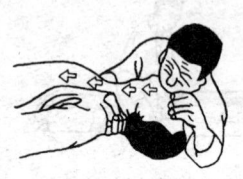 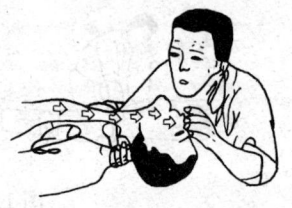

图11—3　口对口人工呼吸吹气法　　　图11—4　口对口人工呼吸换气法

重复1)、2)两步骤，反复进行。

如触电人是儿童或体弱者，吹气时用力要适度。

上述抢救方法效果较好,可与心脏挤压法配合使用,抢救呼吸和心脏跳动都已停止的触电人。

4. 胸外心脏挤压法

胸外心脏挤压法是触电人心脏跳动停止后的急救方法。在触电引起心脏停止跳动的事故中,触电人常表现为心室纤维性颤动,如抢救及时、方法正确,有可能恢复触电人心脏跳动。

采用胸外心脏挤压法时应使触电人仰卧在硬质地面上,姿势与口对口(鼻)吹气法相同。操作方法如下:

1) 救护人跪在被救人一侧,双手相叠,手掌根部放在被救人心窝上方、胸骨下 1/3～1/2 处,如图 11—5 所示。

2) 掌根用力垂直向下挤压,挤出心脏里面的血液。对成人应压陷 3～4 cm,每分钟挤压 60 次左右为宜。如图 11—6 所示。

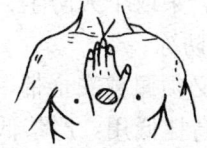

图 11—5　胸外心脏挤压法的正确压区

图 11—6　胸外心脏挤压法(挤压)

3) 挤压后手掌根突然放松,让被救人胸部自动复原,血液充满心脏,放松时,手掌不需完全离开胸部。

在进行胸外心脏挤压时,应注意手掌挤压位置要准确,用力要适度,不得过猛。触电人如系儿童,可用一只手挤压,用力要轻,以免损伤肋骨,每分钟挤压 80～100 次。

应当指出,心脏跳动和呼吸是互相联系的。一旦呼吸和心脏跳动都停止,应同时进行口对口(鼻)人工呼吸和胸外心脏挤压法抢救。

第三节 起重机司机登高作业安全

由于起重机司机频繁往返于地面和司机室之间，并经常对设备进行清洁维护工作，因此登高作业安全是司机必须重视的问题。所以必须注意有关登高作业的安全要求。

一、正确使用劳动保护用品

1) 起重机司机应穿橡胶绝缘鞋，不能穿硬底或塑料鞋。要扎紧鞋带，防止滑倒和跌落而导致的事故发生。

2) 工作时要穿着合身的工作服，裤腿和袖口要扎紧。检修、维护时应佩戴安全帽，防止零散部件或工具掉落而砸伤头部。

3) 吊运炽热金属等高温作业车间的起重机，夏季应搞好防暑降温，防止中暑晕倒事故发生。条件恶劣的应轮换上岗。

4) 尘毒作业场所应注意司机室通风，采取个人防尘、防毒措施。露天作业的起重机冬季要做好防寒防冻。

5) 在起重机桥架或脚手板上检修，必须佩戴安全带，防止用力过猛，重心偏移而坠落。安全带应高挂低用，严禁低挂高用。

二、登高作业应注意的安全问题

1) 起重机直梯、斜梯要按规范装设。司机上下扶梯时要逐级上下，不得手持物品上下扶梯。

2. 擦拭和清扫设备时，禁止站在主梁上。在端梁上清扫时，应面对舱口，防止失足落空。

3) 必须登上主梁或厂房行车梁轨道进行检修时，应切断电源，指派专人监护，此时禁止动车和试车。检修时拆卸的零部件及时清理，机体上的油污应及时清涂干净。

4) 在配合其他工种作业时，司机必须服从专人指挥。

第四节 起重机电气防火安全

起重机发生电气火灾的原因很多,主要是由于电气设备的安装和日常维护不善,电气设备在运行中超过额定负荷,发生线路短路,过热和打火花造成。因此,在司机室内必须配置符合规定的消防器材,并应配备救生安全绳。

一、起重机发生火灾的原因

1. 设备发热

引起电气设备发热的主要原因有:

1) 短路。发生短路故障时,线路中的电流增加为正常时的几倍,产生的热量与电流成正比。如果温度达到可燃物的燃点时,就会造成火灾。

2) 过载。过载也会引起设备发热。造成过载有以下三种情况:一是设计选用线路和设备不合理,导致在额定负载下出现过热;二是使用不合理,起重机长时间超负荷运行,造成线路或设备过热;三是故障运行,如三相电源缺一相。

3) 接触不良。各种接触器触点没有足够压力或接触面粗糙不平,均会导致触头过热。

4) 散热不良。电阻器安装不合理或使用时损坏、变形,热量积蓄过高。

2. 起重机周围存有可燃物

1) 起重机上的电气线路、开关柜、熔断器、插销、照明器具、电动机、电加热设施等电气设备接触或接近可燃物,极易发生火灾。润滑系统缺油,也可导致火灾的发生。

2) 起重机司机、登机检修人员吸剩的烟头和随地抛掷的火柴棍也容易造成火灾。

3) 在起重机或厂房、屋架、天窗等处进行维修,使用电气焊产生的火花溅落在起重机上而发生火灾。

4）冶炼、铸造等热加工时熔化的金属喷溅在起重机上，也是发生火灾的原因之一。

二、电气火灾正确的灭火方法

电气火灾发生后，电气设备可能因绝缘损坏而碰壳短路，电气线路也可能因断落而接地短路，使正常不带电的金属构架和地面带电。因此，火灾发生后首先要切断电源。无法切断时，则要合理使用消防器材，防止触电事故发生。

1）起重机电气火灾多发生在司机室内，小车拖缆线、控制屏等处，扑救时要使用1211、干粉或二氧化碳等不导电的灭火器材，并保持一定的安全距离。

2）电气火灾最常用、最有效的灭火器材是1211和干粉灭火器，正确的使用方法是：

1211手提式灭火器。使用前首先拔掉安全销，一只手紧握压把，将喷嘴对准火源根部，向火源边缘左右扫射，并迅速向前推进。操作时禁止将灭火器水平或颠倒使用。

外装式干粉灭火器。使用时一只手握住喷嘴，另一只手向上拉起提环，握住提柄，将灭火器上、下颠倒数次，使干粉预先松动，喷嘴对准火焰根部进行灭火。

第二部分　起重机司机安全技术考核复习题及试卷实例

Ⅰ．安全技术考核复习题

一、判断题（对的划√，错的划×）

1. 起重机取物装置本身的重量一般都不应包括在额定起重量中。（　）
2. 起重机的吊钩通常有铸造吊钩、锻造吊钩和板钩三种。（　）
3. 吊钩开口度比原尺寸增加15%时，吊钩应报废。（　）
4. 吊钩危险断面或吊钩颈部产生塑性变形吊钩应报废。（　）
5. 车轮轮缘磨损量超过原厚度的10%时车轮应报废。（　）
6. 起重机轨道接头的缝隙一般为5～10 mm。（　）
7. 滑轮有裂纹或轮缘破损应报废。（　）
8. 滑轮槽不均匀磨损达3 mm应报废。（　）
9. 新更换的钢丝绳应与原安装的钢丝绳同类型、同规格。（　）
10. 起重机扫轨板距轨面不应大于20～30 mm。（　）
11. 司机室位于大车滑线端时，通向司机室的梯子和走台与滑线间应设置安全防护板。（　）
12. 露天工作的起重机，其电气设备应设置防雨罩。（　）

13. 目前葫芦式起重机的控制回路多采用低压电路（一般为 36 V 或 42 V）。（ ）

14. 葫芦式起重机在正常作业中可使缓冲器与止挡器冲撞，以达停车目的。（ ）

15. 主梁上拱度应为 $\frac{S}{800}$。（ ）

16. 桥式起重机司机室应设在导电滑线的一侧。（ ）

17. 金属结构的主要受力构件，如主梁等失去整体稳定性时应报废。（ ）

18. 金属结构主要受力构件断面腐蚀达原厚度的 10% 时，如不能修复应报废。（ ）

19. 集中驱动形式的大车运行机构只适用于大跨度的桥式起重机上。（ ）

20. 门座起重机下运行部分包括：门座和运行机构。（ ）

21. 门座起重机必须安装幅度指示器，防止超载作业。（ ）

22. 门座起重机不能带载运行。（ ）

23. 流动式轮胎起重机可以吊载行驶，汽车起重机不允许吊载行驶。（ ）

24. 平衡阀可用软管连接在变幅油缸和卷扬马达上。（ ）

25. 葫芦式起重机当运行速度>4.5 m/min 时应采用地面操作形式。（ ）

26. 葫芦式起重机的安全运行，很大程度决定于起重机的安全装置。（ ）

27. 锥形制动电动机是锥形电动机与锥形制动器二者融为一体的机构。（ ）

28. 电动葫芦在吊钩处于最低位置时，卷筒上的钢丝绳必须保证有不少于 1 圈的安全圈。（ ）

29. 吊钩的危险断面出现磨损沟槽时，应补焊后使用。（ ）

30. 起升机构可以使用编结接长的钢丝绳。　　（　）
31. 变幅机构不得使用编结接长的钢丝绳。　　（　）
32. 钢丝绳尾端在卷筒上固定，单层缠绕时通常采用压板。
　　　　　　　　　　　　　　　　　　　　　　（　）
33. 齿轮减速器在使用中主要损坏形式是轮齿的失效。
　　　　　　　　　　　　　　　　　　　　　　（　）
34. 运行机构的制动装置失效后，可采用反车制动来实现停车。　　　　　　　　　　　　　　　　　　　　（　）
35. 起重机械的起升机构经常使用的是同向捻结构钢丝绳。
　　　　　　　　　　　　　　　　　　　　　　（　）
36. 在非正常使用状态下，超载是钢丝绳破断的主要原因。
　　　　　　　　　　　　　　　　　　　　　　（　）
37. 在正常使用情况下，钢丝绳绳股中的钢丝的断裂是逐渐产生的。　　　　　　　　　　　　　　　　　　（　）
38. 滑轮卷筒直径越小钢丝绳的曲率半径也越小，绳的内部磨损也越小。　　　　　　　　　　　　　　　　（　）
39. 减速器正常工作时，箱体内必须装满润滑油。（　）
40. 钢丝绳绳芯中含有油脂，当绳受力时起润滑钢丝的作用。　　　　　　　　　　　　　　　　　　　　　（　）
41. 一般情况下，起重机后方的稳定性好于侧面的稳定性。
　　　　　　　　　　　　　　　　　　　　　　（　）
42. 起重机吊起额定起重量时，可以采用重力下降的方法提高工效。　　　　　　　　　　　　　　　　　　（　）
43. 溢流阀又称安全阀，它的作用是限制液压系统的最高压力防止液压系统过载。　　　　　　　　　　　　（　）
44. 吊臂角度的使用范围一般为 30°～80°，除特别情况尽量不要使用 30°以下的角度。　　　　　　　　　（　）
45. 违规操作是发生起重伤害事故的主要原因。（　）
46. 起重机吊额定负载以常速下降，断电后的制动行程不应

超过 $\frac{v_起}{16}$。 （   ）

47. 如触电地点附近没有电源开关或插销，可用其他利器（如斧头、刀具等）将电源线切断。 （   ）

48. 起重机发生火灾的原因主要是由于电器设备在运行中超过额定负荷造成线路短路过热或打火花造成。 （   ）

49. 当重物位置大于回转半径时，起重机可以缓慢起升，待把重物水平拉近钢丝绳垂直后，再起吊。 （   ）

50. 动臂式塔式起重机在变幅时，应空载进行。 （   ）

二、填空题

1. 起重机的基本参数是表征起重机_____的。
2. 起重机两端梁车轮踏面_____间的距离称为起重机的跨度。
3. 吊钩通常有两种：_____吊钩和_____钩。
4. 起重电磁铁的供电电路应与起重机主回路_____。
5. 起重机车轮按轮缘形式可分为_____轮缘、_____轮缘和_____轮缘三种。
6. 车轮按踏面形式可分为_____形、圆柱形和_____形轮三种。
7. 滑轮槽壁厚磨损达原厚的_____时应报废。
8. 制动轮的制动面不得沾染_____。
9. 钢丝绳的绳芯有_____芯、_____芯和金属芯。
10. 吊运炽热金属或易燃、易爆等危险品的起升机构应设置_____上升极限位置限制器。
11. 运行极限位置限制器由_____和安全尺或撞块组成。
12. 设置缓冲器的目的就是_____起重机或小车的运动动能，以减缓冲击。
13. 缓冲器类型较多，常用的有_____缓冲器，_____缓冲器和液压缓冲器等。

14. 露天工作的起重机应设置_____，_____装置或铁鞋。

15. 进入桥式及门式起重机的门和由司机室登上桥架的舱口门应设置_____装置。

16. 吊钩必须安装有防绳扣脱钩的_____装置。

17. 大车运行机构传动形式有集中驱动形式和_____驱动形式两种。

18. 大车车轮前方应安装_____板。

19. 桥式起重机电气设备包括：各机构电动机、制动电磁铁、_____电器和_____电器等。

20. 操作电器包括控制器、接触器、_____、电阻器等。

21. 门座起重机的构造分为两大部分，即_____部分和_____部分。

22. 门座起重机旋转机构是由_____装置和旋转驱动装置两部分组成。

23. 在液压系统中，液压锁又称液控单向阀，是_____元件。

24. 液压系统应有_____表，指示准确。

25. 钢丝绳绳端可用_____或_____固定在卷筒上。

26. 卷筒上钢丝绳尾端的固定装置应有_____或_____性能。

27. 起重机上的滑轮组多属于_____滑轮组，滑轮组省力倍数称为_____。

28. 起重机的起升、变幅机构的制动器必须是_____的。

29. 交互捻钢丝绳的绳股的捻向与绳的捻向_____，因此在吊重物时不会发生_____和_____现象。

30. 葫芦式起重机结构_____、操作_____、尤其是地面操作更为简单方便。

31. 葫芦式起重机运行速度≤45 m/min 时，应采用

_____操纵形式。

32. 地面操纵的葫芦式起重机,手电门必须使用_____电。

33. 葫芦式起重机若选用开式司机室,司机室栏杆的高度应不小于_____mm。

34. 桥式起重机箱形主梁旁弯度不得超过起重机跨度 S 的_____,且不允许向内弯。

35. 桥式起重机箱形主梁跨中上拱度应为起重机跨度的_____。

36. 严禁起重机_____制动,防止产生过大的_____对金属桥架结构的冲击。

37. 起升机构吊额定负载以常速下降,断电后的制动下滑距离不得超过额定起升速度的_____。

38. 桥式起重机大车断电后的制动距离不应超过其额定运行速度的_____。

39. 起重机电气设备不带电的金属外壳均应作可靠_____保护。

40. 起重机工作结束后,电磁吸盘或抓斗、料箱吊具等取物装置,应_____在地面上而不应_____。

41. 起吊载荷一定时_____对起重机的倾翻力矩也变大。

42. 工作幅度一定时_____对起重机的倾翻力矩也变大。

43. 在同一个工作循环中,回转动作应在伸臂动作和向下变幅动作_____进行。

44. 门座起重机是由_____部分和_____部分组成的。

45. 起重机非工作时,应将臂架置于最_____幅度位置停放。

46. 门座起重机必须在其停放位置安装_____装置,在非工作时应将起重机_____牢靠。

47. 起重机工作前,应先行_____锚定装置,使其与地面无钩挂之处。

48. 严禁以_____变幅方式下降负载，以防整机倾翻。

49. 在起重机桥架或脚手板上检修，必须佩戴安全带，安全带应_____。

50. 起重机司机应穿_____鞋，不能穿_____或塑料鞋。

三、选择题

1. 起重机工作级别共分为_____级。
   A. 7　　　　　B. 8　　　　　C. 9

2. 在用起重机的吊钩应定期检查，至少每_____年检查一次。
   A. 半　　　　　B. 1　　　　　C. 2

3. 卷筒壁磨损至原壁厚的_____%时卷筒应报废。
   A. 5　　　　　B. 10　　　　　C. 20

4. 常闭式制动器在制动装置静态时处于_____状态。
   A. 打开　　　　B. 制动

5. 起升机构的制动器必须是_____式的。
   A. 常开　　　　B. 常闭

6. 在有腐蚀性的环境中工作时应选用_____钢丝绳。
   A. 镀铅　　　　B. 镀锌

7. 电动葫芦的载荷制动器在额定载荷下制动时，载荷下滑距离不应超过_____额定起升速度。
   A. 1/100　　　B. 1/80　　　C. 1/50

8. 起重机轨道及起重机上任何一点的接地电阻均不得大于_____Ω。
   A. 10　　　　　B. 4　　　　　C. 8

9. 起重机桥架上的走台应用防滑性能好的_____制造。
   A. 优质木板　　B. 网纹钢板

10. 端梁和走台的防护栏杆高度不应小于_____mm。

A. 1 050　　　B. 800　　　C. 1 000

11. 桥式起重机各机构应用最广的是_____异步电动机。

　　A. 鼠笼式　　B. 绕线式

12. 桥式起重机的照明信号回路其电源由起重机主断路器的_____线端分接。

　　A. 出　　　　B. 进

13. 港口起重机在_____级以上大风不准作业。

　　A. 六　　　　B. 七

14. 流动式起重机上常用的油马达有_____式马达和柱塞式马达。

　　A. 叶片　　　B. 齿轮

15. 溢流阀是液压系统的_____装置

　　A. 控制流量　B. 安全保护

16. 起重机的抗倾翻能力称为起重机的_____性。

　　A. 安全　　　B. 稳定

17. 流动式起重机作业时,吊臂顶端要离高压电线_____以上。

　　A. 2 m　　　B. 1.5 m

18. 起重机械不得使用_____吊钩。

　　A. 板钩　　　B. 铸造

19. 按行业沿用标准制造的吊钩,危险断面磨损量应不大于原尺寸的_____%。

　　A. 5　　　　B. 10　　　C. 15

20. 按 GB 10051.2 制造的吊钩,危险断面的磨损量不应大于原高度的_____%。

　　A. 5　　　　B. 10　　　C. 15

21. 钢丝绳直径减小量达原直径的_____%时,钢丝绳报废。

　　A. 5　　　　B. 7　　　　C. 10

22. 起重机吊钩的开口度比原尺寸增加_____%时，吊钩应报废。
    A. 10　　　　B. 15　　　　C. 20
23. 起重机吊钩的扭转变形超过_____时，应报废。
    A. 5°　　　　B. 10°　　　　C. 20°
24. 通常使用环境下，在卷筒上单层排列时采用_____钢丝绳。
    A. 纤维芯　　B. 石棉芯　　C. 金属芯
25. 当吊钩处于工作位置最低点时，缠绕在卷筒上的钢丝绳除绳尾外，还必须有不少于_____圈的安全圈。
    A. 1　　　　B. 2　　　　C. 3
26. 金属铸造滑轮轮槽不均匀磨损量达_____mm时，应报废。
    A. 10　　　　B. 5　　　　C. 3
27. 金属铸造滑轮轮槽槽壁厚磨损达原壁厚的_____%时，应报废。
    A. 10　　　　B. 15　　　　C. 20
28. 起升机构的制动轮轮缘磨损达原厚度的_____%时，制动轮报废。
    A. 40　　　　B. 30　　　　C. 20
29. 起重机小车运行机构的制动行程应为_____。
    A. $v^2/5\,000 \sim v^2/15$
    B. $v^2/5\,000 \sim v/20$
    C. $v/100$
30. 起重机大车运行机构的制动行程应为_____。
    A. $v^2/5\,000 \sim v/15$
    B. $v^2/500 \sim v/20$
    C. $v/100$
31. 起重机用钢丝绳优选强度极限值为_____N/mm² 的

钢丝。

    A. 1 200~1 300　　　　B. 1 600~1 700
    C. 2 000~2 200

32. 制动摩擦片磨损的厚度超过原厚度的_____％时应更换。

    A. 50　　　　B. 40　　　　C. 30

33. 高温环境下使用的钢丝绳，常采用_____钢丝绳。

    A. 纤维芯　　B. 石棉芯　　C. 金属芯

34. 起升机构_____使用编结接长的钢丝绳。

    A. 不得　　　B. 可以

35. 变幅机构_____使用编结接长的钢丝绳。

    A. 不得　　　B. 可以

36. 作翻转吊载时，操作者必须站在翻转方向的_____侧。

    A. 同　　　　B. 反　　　　C. 旁

37. 载荷制动器在吊额定载荷时制动，载荷下滑量超过额定起升速度的_____时，应进行检修。

    A. 1/100　　B. 1/80　　　C. 1/50

38. 桥式起重机箱形主梁跨中的拱度为_____。

    A. $S/1\,500$　B. $S/700$　C. $1/1\,000$

39. 双梁桥式起重机在主梁跨中起吊额定负载后，其向下变形量不得大于_____。

    A. $S/700$　　B. $S/600$　　C. $S/300$

40. 桥式起重机大车制动行程最大不得超过_____。

    A. $v_{大车}/15$　B. $v_{大车}/100$　C. $v_{大车}/20$

41. 桥式起重机小车制动行程最大不得超过_____。

    A. $v_{小车}/15$　B. $v_{小车}/20$　C. $v_{小车}^2/5\,000$

42. 桥式起重机司机室照明、电铃的电压应为_____。

    A. 22 V　　　B. 380 V　　　C. 36 V

43. 起重机吊臂端碰挂架空电源时，司机如果一定要从起重机上下来，应从司机室内_____。

　　A. 通过阶梯下来　　　　　　B. 跳下来

44. 在吊重状态下，司机_____司机室。

　　A. 不准离开　　B. 可以离开

45. 在冬季应延长空运转时间、液压起重机应保证液压油在_____以上方可工作。

　　A. 0℃　　　　B. 15℃　　　　C. 30℃

46. 轮胎起重机允许吊重行驶，吊重行驶时_____同时进行起升、回转与变幅等操作。

　　A. 允许　　B. 不允许

47. 多机合吊限定使用_____合吊，并尽量选用起重性能与技术参数接近的起重机。

　　A. 两机　　　　B. 三机　　　　C. 四机

48. 液压油最合适的工作温度是_____。

　　A. 15～20℃　　B. 35～50℃　　C. 85～95℃

49. 扑救起重机电气火灾时，要使用_____等不导电的灭火器材。

　　A. 干粉或二氧化碳　　　　B. 泡沫干粉

50. 起重机在高压线一侧工作时，吊物与线路的水平距离不小于_____m。

　　A. 2　　　　B. 6　　　　C. 4

四、问答题

1. 按起重机的取物装置和用途起重机可分为哪些类？
2. 取物装置按吊运的物料类型分为哪几种类型？
3. 锻造吊钩出现哪些缺陷应报废？
4. 短行程电磁铁制动器有什么优缺点？
5. 制动器的调整通常包括哪三个方面的调整工作？
6. 钢丝绳中的绳芯起什么作用？

7. 造成钢丝绳破坏的主要因素是什么？
8. 判定钢丝绳损坏报废的项目有哪些？
9. 上升极限位置限制器的作用是什么？
10. 什么起重机称为葫芦式起重机？其特点是什么？
11. 桥式起重机箱型桥架由哪几部分构成？
12. 为什么起重机主梁制造时要求作出上拱度？
13. 起升机构由哪几部分构成？
14. 火车运行机构由哪几部分构成？
15. 起重机司机要做到哪"十不吊"？
16. 流动式起重机由哪些主要部分组成？
17. 流动式起重机起升机构中的离合器有什么作用？
18. 液压系统中换向阀起什么作用？
19. "三违"的含义是什么？
20. 哪些情况下金属铸造滑轮应报废？
21. 减速器使用中有哪些常见故障？
22. 液压起重机工作压力不足的原因有哪些？
23. 对起重机司机的基本要求是什么？
24. 判断起重机是否溜钩的衡量标准是什么？
25. 桥式起重机大车是否溜车的衡量标准是什么？
26. 桥式起重机小车是否溜车的衡量标准是什么？
27. 桥式起重机是由哪三大部分组成？
28. 桥式起重机的机械传动机构包括有哪几个机构？
29. 桥式起重机主梁刚度是否合格的衡量标准是什么？
30. 起升机构制动器的调整标准是什么？
31. 桥式起重机大车制动器调整标准是什么？
32. 桥式起重机电气线路是由哪几部分组成？
33. 门座起重机有哪四大机构？
34. 起重机保护电器包括哪些？
35. 起重机发生火灾的原因主要有哪些？

36. 对地面操作的起重机手电门有什么安全要求？
37. 吊物准备上升时，起重机司机应注意什么？
38. 塔式起重机顶升作业时的安全要求有哪些？
39. 塔式起重机作业后，司机离机前应做好哪些工作？
40. 常用的人工呼吸方法有哪几种？

Ⅱ. 安全技术考核复习题答案

一、判断题

1. ×；2. ×；3. √；4. √；5. ×；6. ×；7. √；8. √；
9. √；10. ×；11. √；12. √；13. √；14. ×；15. ×；16. ×；
17. √；18. √；19. ×；20. √；21. √；22. √；23. √；24. ×；
25. ×；26. √；27. √；28. ×；29. ×；30. ×；31. √；32. √；
33. √；34. ×；35. ×；36. √；37. √；38. ×；39. ×；40. √；
41. √；42. ×；43. √；44. √；45. √；46. ×；47. ×；48. √；
49. ×；50. √。

二、填空题

1. 特性；2. 中心线；3. 锻造、板；4. 分立；5. 双、单、无；6. 圆锥、鼓；7. 20%；8. 油污；9. 纤维、石棉纤维；10. 两套；11. 限位开关；12. 吸收；13. 弹簧、橡胶；14. 夹轨钳、锚定；15. 联锁保护；16. 闭锁；17. 分别；18. 扫轨；19. 操作、保护；20. 控制屏；21. 上旋转、下运行；22. 旋转支撑；23. 控制；24. 压力；25. 压板、楔形块；26. 防松、自紧；27. 省力、倍率；28. 常闭；29. 相反、扭转、松散；30. 简单、方便；31. 地面；32. 低压；33. 1 050；34. 1/2 000；35. 1/1 000；36. 反车、惯性力；37. 1/100；38. 1/15；39. 接地；40. 放落、悬吊；41. 幅度变大；42. 载荷变大；43. 之前；44. 上旋转、下运行；45. 小；46. 锚定、锚固；47. 松开；48. 落臂；49. 高挂低用；50. 橡胶绝缘、硬底。

三、选择题

1. B； 2. A； 3. C； 4. B； 5. B； 6. B； 7. A； 8. B； 9. B； 10. A； 11. B； 12. B； 13. A； 14. B； 15. B； 16. B； 17. A； 18. B； 19. B； 20. A； 21. B； 22. B； 23. B； 24. A； 25. B； 26. C； 27. C； 28. A； 29. B； 30. A； 31. B； 32. A； 33. B； 34. A； 35. A； 36. B； 37. A； 38. C； 39. A； 40. A； 41. B； 42. C； 43. B； 44. A； 45. B； 46. B； 47. A； 48. B； 49. A； 50. A

四、问答题

1. 答：可分为：吊钩起重机、抓斗起重机、冶金起重机、电磁起重机、堆垛起重机、集装箱起重机、救援起重机、安装起重机、两用和三用起重机等。

2. 答：可分为吊装成件货物的，如吊钩夹钳等和吊装散装物料的如抓斗等，以及吊装液态物料的三大类。

3. 答：出现下列情况之一时应报废。

(1) 表面有裂纹。

(2) 危险断面磨损量：按行业沿用标准制造的吊钩，应不大于原尺寸的10%；按GB 10051.2制造的吊钩，应不大于原尺寸的5%。

(3) 开口度比原尺寸增加15%。

(4) 扭转变形超过10°。

(5) 危险断面或吊钩颈部产生塑性变形。

4. 答：优点是：衔铁行程短，制动器重量轻，结构简单，便于调整。缺点是：由于动作迅速，吸合时的冲击直接作用在制动器上，容易使螺栓松动，导致制动器失灵，产生的惯性力较大，使桥架剧烈振动。

5. 答：包括调整工作行程、调整制动力矩、调整制动间隙。

6. 答：绳芯的作用是增加挠性与弹性，便于润滑和增加强度。

7. 答：主要因素是：钢丝绳工作时承受了反复的弯曲和拉

伸而产生的疲劳断丝，钢丝绳与卷筒和滑轮之间反复摩擦而产生的磨损破坏；钢丝绳绳股间及钢丝间的相互摩擦引起的钢丝磨损破坏及钢丝受到环境的污染腐蚀引起的破坏；钢丝绳受到机械等破坏产生的外伤及变形等。

8. 答：判定钢丝绳报废的项目有：断丝的性质和数量、绳端断丝、断丝的局部聚集、断丝的增加率、绳股断裂，由于绳芯损坏而引起的绳径减小、弹性减小、外部及内部磨损、外部及内部腐蚀、变形和由于热或电弧造成的损坏。

9. 答：上升极限位置限制器的作用是：限制取物装置的起升高度。当吊具起升到上极限位置时，限位器能自动切断电源，使起升机构停止运行，防止吊具继续上升，拉断钢丝绳而发生坠落事故。

10. 答：以电动葫芦为起升机构的起重机称为葫芦式起重机。其特点是：较同吨位、同跨度的其他起重机结构简单，自重量轻，造价低。

11. 答：桥式起重机箱型桥架是由主梁、端梁、走台和防护栏杆等组成。

12. 答：为了提高主梁的承载能力、改善主梁的受力状况，抵抗主梁在载荷作用下的向下变形、提高主梁的强度和刚度。

13. 答：由电动机、减速器、制动器、传动轴、联轴器、齿盘联轴器、卷筒组、定滑轮组、吊钩组和钢丝绳等构成。

14. 答：由电动机、传动轴、制动器、齿轮联轴器、减速器及车轮组等构成。

15. 答：要做到的"十不吊"是：（1）指挥信号不明确或违章指挥不吊。（2）超载不吊。（3）工件或吊物捆绑不牢不吊。（4）吊物上面有人不吊。（5）安全装置不齐全或有动作不灵敏、失效者不吊。（6）工件埋在地下、与地面建筑物或设备有钩挂不吊。（7）光线隐暗视线不清不吊。（8）棱角物件无防切割措施不吊。（9）斜拉歪拽工件不吊。（10）钢水包过满有洒落危险不吊。

16. 答：主要由动力装置、工作机构、金属结构、控制装置和运行机构等组成。

17. 答：离合器的作用有：（1）使卷筒轴与卷筒接合，将来自减速器的动力传递给卷筒。（2）能使卷筒与卷筒轴分离，使吊钩实现重力下放。（3）离合器的主、从动部分可以相对滑动，遇到过大冲击时可防止机件损坏。

18. 答：换向阀也称分配阀，它的作用是改变液压油的流动方向，控制起重机各工作机构的运动。

19. 答：三违是指违章指挥、违规操作和违反劳动纪律。

20. 答：金属铸造滑轮出现下列情况之一时应报废：（1）裂纹；（2）轮槽不均匀磨损达 3 mm；（3）轮槽壁厚磨损达原壁厚的 20%；（4）因磨损使轮槽底部直径减小量达钢丝绳直径的 50%；（5）其他损害钢丝绳的缺陷。

21. 答：减速器在使用中常见的故障有：（1）连续噪声；（2）不均匀噪声；（3）断续而清脆的撞击声；（4）发热；（5）振动；（6）漏油。

22. 答：液压起重机工作压力不足的原因有：（1）油泵不能按规定提供压力油；（2）溢流阀调整不当或工作失效；（3）中心回转接头内部泄漏；（4）工作机构的执行元件内部泄漏。

23. 答：司机必须严格遵守司机安全操作规程，在此基础上在操作中要做到稳、准、快、安全、合理。

24. 答：起吊额定载荷，以常速下降，断电后载荷制动下滑距离不超过额定起升速度的 1/100，即可认为是正常，起重机不溜钩。

25. 答：桥式起重机大车以常速运行，断电后大车的制动滑行距离不超过大车额定运行速度的 1/15，即可认为合格，大车不溜车。

26. 答：桥式起重机小车以常速运行，断电后小车的制动滑行距离不超过小车额定运行速度的 1/20，即可认为合格，小车不溜车。

27. 答：桥式起重机是由金属结构部分、机械传动机构和电气传动系统三大部分组成。

28. 答：桥式起重机的机械传动机构包括有起升机构、大车运行机构和小车运行机构。

29. 答：在主梁跨中起吊额定载荷，测量其主梁跨中的向下变形量，应不超过起重机跨度的 1/700，卸载后变形能消失，即无永久变形，则此主梁刚度合格。

30. 答：打开制动器，吊钩组能很滑快坠落；制动时，吊额定负载以常速下降，断电后制动下滑距离不超过额定起升速度的 1/100，则可认为此制动器调整合格。

31. 答：桥式起重机大车制动器应调整到如下程度即为合格；以常速运行，断电后的制动距离最大不得超过额定速度的 1/15，最小不得小于额定速度平方的 1/5 000。

32. 答：桥式起重机电气线路是由三部分组成即：主回路、控制回路和照明信号回路。

33. 答：门座起重机有起升机构、变幅机构、旋转机构和运行机构等四大机构。

34. 答：起重机保护电器包括：限位保护、超负荷限制器、力矩限制器、电气联锁保护装置、紧急断电开关、过流保护、零压保护和零位保护。

35. 答：起重机发生火灾的主要原因有：（1）设备发热，主要是由于短路、过载、接触不良或散热不良造成。（2）起重机周围有可燃物及火源，如吸剩的烟头、随手抛掷的火柴，在厂房屋架上使用电气焊而产生的火花；冶炼铸造等热加工时熔化的金属等。

36. 答：必须有机械联锁保护装置，并设有总电源开关或电钥匙，手电门必须使用低电压，按钮标记必须与起重机运动方向一致。

37. 答：应使重物缓慢离地、避免突然起升产生的惯性力。

38. 答：塔式起重机顶升作业时，必须使吊臂和平衡臂处于平衡状态，并将回转部分制动住，严禁回转臂杆及与顶升无关的其他作业。

39. 答：起重机停放在轨道中间，臂杆平行轨道方向，吊钩提升，打紧轨钳，所有控制器扳到零位，切断电源锁好门窗。

40. 答：常用的人工呼吸方法有：俯卧压背法、仰卧牵臂法、口对口吹气法和胸外心脏挤压法。

Ⅲ. 起重机司机安全技术考核试卷实例

单位_____　　姓名_____　　成绩_____

一、判断题（对的划√，错的划×）（每题 2 分）

1. 起重机的吊钩通常有铸造吊钩、锻造吊钩和板钩三种。
（　）

2. 吊钩危险断面或吊钩颈部产生塑性变形吊钩应报废。
（　）

3. 起重机轨道接头的缝隙一般为 5~10 mm。（　）
4. 滑轮有裂纹或轮缘破损应报废。（　）
5. 起升机构可以使用编结接长的钢丝绳。（　）
6. 起重机械的起升机构经常使用的是同向捻结构钢丝绳。
（　）
7. 减速器正常工作时，箱体内必须装满润滑油。（　）
8. 运行机构的制动装置失效后，可采用反车制动来实现停车。
（　）
9. 车轮轮缘磨损量超过原厚度的 10% 时车轮应报废。
（　）
10. 桥式起重机司机室应设在导电滑线的一侧。（　）

二、填空题（每空 2 分）

1. 起重机的基本参数是表征起重机_____的。
2. 吊钩通常有两种：_____吊钩和_____钩。
3. 制动轮的制动面不得沾染_____。

4. 钢丝绳的绳芯有：_____芯、_____芯和金属芯。

5. 缓冲器类型较多，常用的有_____缓冲器、_____缓冲器和液压缓冲器等。

6. 吊钩必须安装有防绳扣脱钩的_____装置。

7. 大车车轮前方应安装_____板。

8. 严禁以_____变幅方式下降负载，以防整机倾翻。

9. 起重机司机应穿_____鞋，不能穿_____或塑料鞋。

10. 门座式起重机是由_____部分和_____部分组成的。

三、选择题（每题 2 分）

1. 起重机工作级别共分为_____级。
   A. 7   B. 8   C. 9

2. 常闭式制动器在制动装置静态时处于_____状态。
   A. 打开   B. 制动

3. 起升机构的制动器必须是_____式的。
   A. 常开   B. 常闭

4. 起重机轨道及起重机上任何一点的接地电阻均不得大于_____Ω。
   A. 10   B. 4   C. 8

5. 端梁和走台的防护栏杆高度不应小于_____mm。
   A. 1 050   B. 800   C. 1 000

6. 钢丝绳直径减小量达原直径的_____%时，钢丝绳报废。
   A. 5   B. 7   C. 10

7. 当吊钩处于工作位置最低点时，缠绕在卷筒上的钢丝绳除绳尾外，还必须有不少于_____圈的安全圈。
   A. 1   B. 2   C. 3

8. 金属铸造滑轮轮槽槽壁厚磨损达原壁厚的_____%时，应报废。

  A. 10   B. 15   C. 20

 9. 变幅机构_____使用编结接长的钢丝绳。

  A. 不得   B. 可以

 10. 作翻转吊载时，操作者必须站在翻转方向的_____侧。

  A. 同   B. 反   C. 旁

四、问答题（每题 10 分）

1. 钢丝绳中的绳芯起什么作用？
2. 起升机构由哪几部分构成？
3. "三违"的含义是什么？
4. 起重机司机要做到哪"十不吊"？

附录一

起重吊运指挥信号

GB 5082—85

引言

  为确保起重吊运安全，防止发生事故，适应科学管理的需要，特制订本标准。

  本标准对现场指挥人员和起重机司机所使用的基本信号和有关安全技术作了统一规定。

  本标准适用于以下类型的起重机械：

  桥式起重机（包括冶金起重机）、门式起重机、装卸桥、缆索起重机、塔式起重机、门座起重机、汽车起重机、轮胎起重机、铁路起重机、履带起重机、浮式起重机、桅杆起重机、船用起重机等。

  本标准不适用于矿井提升设备、载人电梯设备。

1 名词术语

  通用手势信号——指各种类型的起重机在起重吊运中普遍适用的指挥手势。

  专用手势信号——指具有特殊的起升、变幅、回转机构的起重机单独使用的指挥手势。

  吊钩（包括吊环、电磁吸盘、抓斗等）——指空钩以及负有载荷的吊钩。

  起重机"前进"或"后退"——"前进"指起重机向指挥人员开来；"后退"指起重机离开指挥人员。

前、后、左、右——在指挥语言中，均以司机所在位置为基准。

音响符号：

"——"表示大于一秒钟的长声符号。

"●"表示小于一秒钟的短声符号。

"○"表示停顿的符号。

2 指挥人员使用的信号

2.1 手势信号

2.1.1 通用手势信号

2.1.1.1 "预备（注意）"

手臂伸直置于头上方，五指自然伸开，手心朝前保持不动（见图1）。

2.1.1.2 "要主钩"

单手自然握拳，置于头上，轻触头顶（见图2）。

2.1.2.3 "要副钩"

一只手握拳，小臂向上不动，另一只手伸出，手心轻触前只手的肘关节（见图3）。

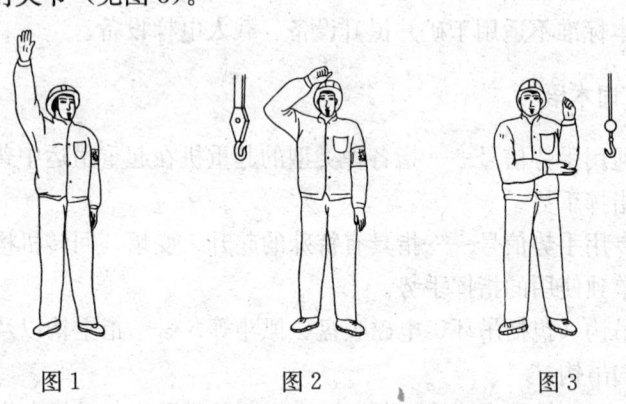

图1　　　　　　图2　　　　　　图3

2.1.1.4 "吊钩上升"

小臂向侧上方伸直，五指自然伸开，高于肩部，以腕部为轴转动（见图4）。

2.1.1.5 "吊钩下降"

手臂伸向侧前下方，与身体夹角约为30°，五指自然伸开，以腕部为轴转动（见图5）。

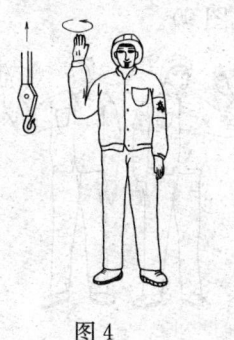

图4　　　　　　　　　　图5

2.1.1.6 "吊钩水平移动"

小臂向侧上方伸直，五指并拢手心朝外，朝负载应运行的方向，向下挥动到与肩相平的位置（见图6）。

2.1.1.7 "吊钩微微上升"

小臂伸向侧前上方，手心朝上高于肩部，以腕部为轴，重复向上摆动手掌（见图7）。

图6　　　　　　　　　　图7

· 257 ·

2.1.1.8 "吊钩微微下降"

手臂伸向侧前下方,与身体夹角约为30°,手心朝下,以腕部为轴,重复向下摆动手掌(见图8)。

2.1.1.9 "吊钩水平微微移动"

小臂向侧上方自然伸出,五指并拢手心朝外,朝负载应运行的方向,重复做缓慢的水平运动(见图9)。

图8　　　　　　　　　图9

2.1.1.10 "微动范围"

双小臂曲起,伸向一侧,五指伸直,手心相对,其间距与负载所要移动的距离接近(见图10)。

2.1.1.11 "指示降落方位"

五指伸直,指出负载应降落的位置(见图11)。

2.1.1.12 "停止"

小臂水平置于胸前,五指伸开,手心朝下,水平挥向一侧(见图12)。

2.1.1.13 "紧急停止"

两小臂水平置于胸前,五指伸开,手心朝下,同时水平挥向两侧(见图13)。

2.1.1.14 "工作结束"

双手五指伸开,在额前交叉(见图14)。

2.1.2 专用手势信号

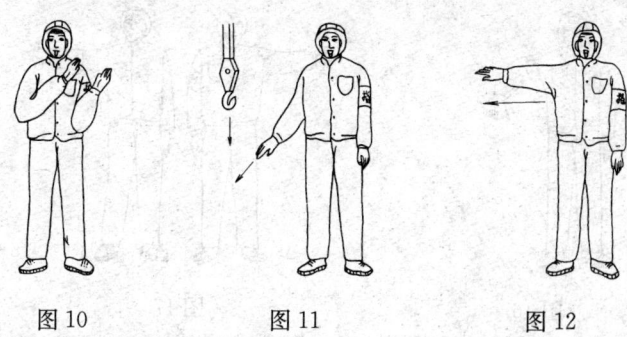

图 10　　　　　图 11　　　　　图 12

2.1.2.1 "升臂"

手臂向一侧水平伸直，拇指朝上，余指握拢，小臂向上摆动（见图 15）。

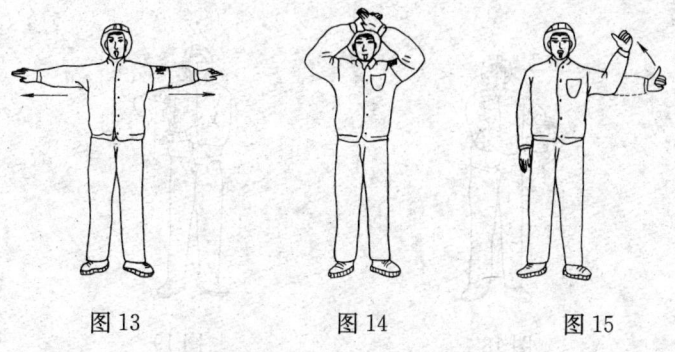

图 13　　　　　图 14　　　　　图 15

2.1.2.2 "降臂"

手臂向一侧水平伸直，拇指朝下，余指握拢，小臂向下摆动（见图 16）。

2.1.2.3 "转臂"

手臂水平伸直，指向应转臂的方向，拇指伸出，余指握拢，以腕部为轴转动（见图 17）。

2.1.2.4 "微微升臂"

一只小臂置于胸前一侧，五指伸直，手心朝下，保持不动。另一只手的拇指对着前手手心，余指握拢，做上下移动（见图 18）。

 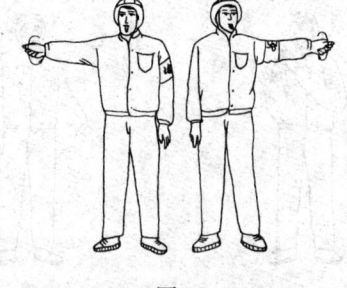

图 16　　　　　　　图 17

2.1.2.5　"微微降臂"

一只小臂置于胸前一侧，五指伸直，手心朝上，保持不动。另一只手的拇指对着前手手心，余指握拢，做下上移动（见图 19）。

图 18　　　　　　　图 19

2.1.2.6　"微微转臂"

一只小臂向前平伸，手心自然朝向内侧。另一只手的拇指指向前只手的手心，余指握拢做转动（见图 20）。

2.1.2.7　"伸臂"

两手分别握拳，拳心朝上，拇指分别指向两侧，做相斥运动（见图 21）。

2.1.2.8　"缩臂"

两手分别握拳，拳心朝下，拇指对指，做相向运动（见图 22）。

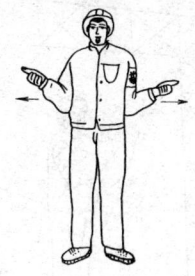

图 20　　　　　　　　图 21

2.1.2.9　"履带起重机回转"

一只小臂水平前伸，五指自然伸出不动。另一只手小臂在胸前做水平重复摆动（见图23）。

图 22　　　　　　　　图 23

2.1.2.10　"起重机前进"

双手臂先向前伸，小臂曲起，五指并拢，手心对着自己，做前后运动（见图24）。

2.1.2.11　"起重机后退"

双小臂向上曲起，五指并拢，手心朝向起重机，做前后运动（见图25）。

2.1.2.12　"抓取"（吸取）

两小臂分别置于侧前方，手心相对，由两侧向中间摆动（见图26）。

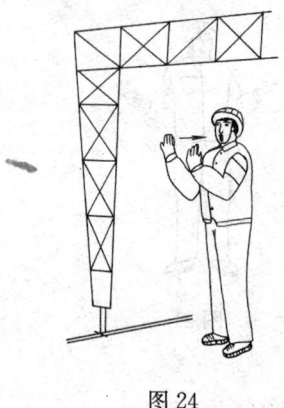

图 24   图 25

2.1.2.13 "释放"

两小臂分别置于侧前方,手心朝外,两臂分别向两侧摆动(见图 27)。

2.1.2.14 "翻转"

一小臂向前曲起,手心朝上。另一只手小臂向前伸出,手心朝下,双手同时进行翻转(见图 28)。

图 26   图 27   图 28

2.1.3 船用起重机(或双机吊运)专用手势信号

2.1.3.1 "微速起钩"

两小臂水平伸向侧前方,五指伸开,手心朝上,以腕部为轴,向上摆动。当要求双机以不同的速度起升时,指挥起升速度快的一方，手要高于另一只手（见图29）。

2.1.3.2 "慢速起钩"

两小臂水平伸向侧前方，五指伸开，手心朝上，小臂以肘部为轴向上摆动。当要求双机以不同的速度起升时，指挥起升速度快的一方，手要高于另一只手（见图30）。

2.1.3.3 "全速起钩"

两臂下垂，五指伸开，手心朝上，全臂向上挥动（见图31）。

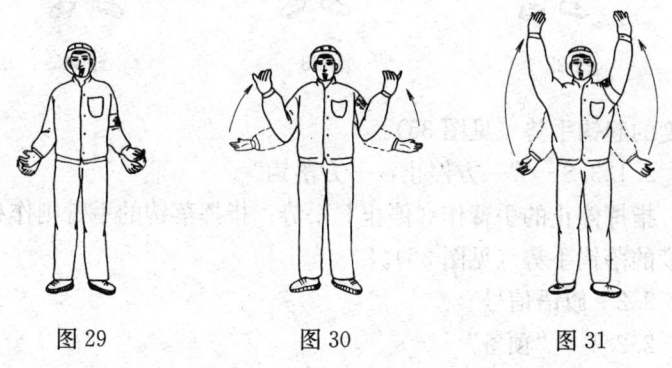

图29　　　　　　图30　　　　　　图31

2.1.3.4 "微速落钩"

两小臂水平伸向侧前方，五指伸开，手心朝下，手以腕部为轴向下摆动。当要求双机以不同的速度降落时，指挥降落速度快的一方，手要低于另一只手（见图32）。

2.1.3.5 "慢速落钩"

两小臂水平伸向侧前方，五指伸开，手心朝下，小臂以肘部为轴向下摆动。当要求双机以不同的速度降落时，指挥降落速度快的一方，手要低于另一只手（见图33）。

2.1.3.6 "全速落钩"

两臂伸向侧上方，五指伸出，手心朝下，全臂向下挥动（见图34）。

2.1.3.7 "一方停止，一方起钩"

指挥停止的手臂作"停止"手势；指挥起钩的手臂则作相应

图 32　　　　　图 33　　　　　图 34

速度的起钩手势（见图35）。

2.1.3.8　"一方停止，一方落钩"

指挥停止的手臂作"停止"手势；指挥落钩的手臂则作相应速度的落钩手势（见图36）。

2.2　旗语信号

2.2.1　"预备"

单手持红绿旗上举（见图37）。

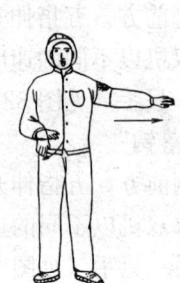

图 35　　　　　图 36　　　　　图 37

2.2.2　"要主钩"

单手持红绿旗，旗头轻触头顶（见图38）。

2.2.3　"要副钩"

一只手握拳，小臂向上不动，另一只手拢红绿旗，旗头轻触前只手的肘关节（见图39）。

2.2.4 "吊钩上升"

绿旗上举，红旗自然放下（见图40）。

图38　　　　　图39　　　　　图40

2.2.5 "吊钩下降"

绿旗拢起下指，红旗自然放下（见图41）。

2.2.6 "吊钩微微上升"

绿旗上举，红旗拢起横在绿旗上，互相垂直（见图42）。

2.2.7 "吊钩微微下降"

绿旗拢起下指，红旗横在绿旗下，互相垂直（见图43）。

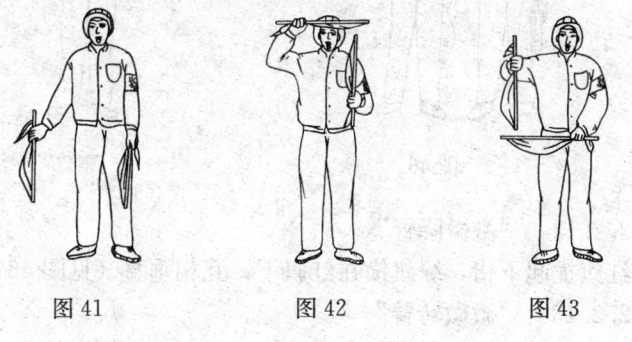

图41　　　　　图42　　　　　图43

2.2.8 "升臂"

红旗上举,绿旗自然放下(见图44)。

2.2.9 "降臂"

红旗拢起下指,绿旗自然放下(见图45)。

图 44　　　　　　　图 45

2.2.10 "转臂"

红旗拢起,水平指向应转臂的方向(见图46)。

2.2.11 "微微升臂"

红旗上举,绿旗拢起横在红旗上,互相垂直(见图47)。

图 46　　　　　　　图 47

2.2.12 "微微降臂"

红旗拢起下指,绿旗横在红旗下,互相垂直(见图48)。

2.2.13 "微微转臂"

红旗拢起,横在腹前,指向应转臂的方向;绿旗拢起,横在红旗前,互相垂直(见图49)。

图 48　　　　　　　　　图 49

2.2.14 "伸臂"

两旗分别拢起,横在两侧,旗头外指(见图50)。

2.2.15 "缩臂"

两旗分别拢起,横在胸前,旗头对指(见图51)。

2.2.16 "微动范围"

两手分别拢旗,伸向一侧,其间距与负载所要移动的距离接近(见图52)。

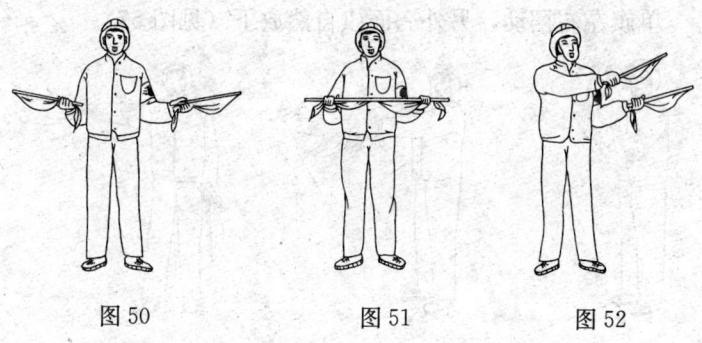

图 50　　　　　　图 51　　　　　　图 52

2.2.17 "指示降落方位"

单手拢绿旗,指向负载应降落的位置,旗头进行转动(见图53)。

2.2.18 "履带起重机回转"

一只手拢旗，水平指向侧前方，另一只手持旗，水平重复挥动（见图54）。

图53　　　　　　　　　图54

2.2.19 "起重机前进"

两旗分别拢起，向前上方伸出，旗头由前上方向后摆动（见图55）。

2.2.20 "起重机后退"

两旗分别拢起，向前伸出，旗头由前方向下摆动（见图56）。

2.2.21 "停止"

单旗左右摆动，另外一面旗自然放下（见图57）。

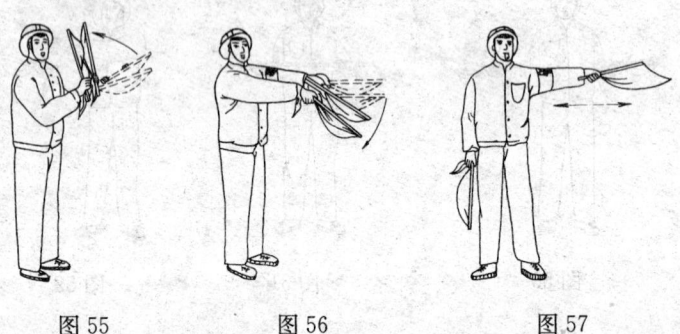

图55　　　　图56　　　　图57

2.2.22 "紧急停止"

双手分别持旗，同时左右摆动（见图58）。

2.2.23 "工作结束"

两旗拢起，在额前交叉（见图59）。

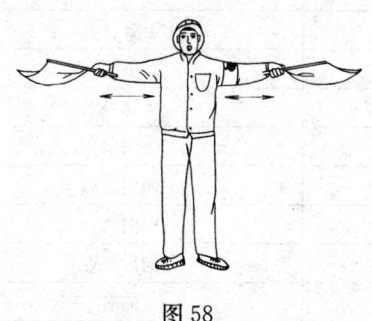

图 58　　　　　　　　图 59

2.3　音响信号

2.3.1　"预备"、"停止"

一长声——

2.3.2　"上升"

二短声●●

2.3.3　"下降"

三短声●●●

2.3.4　"微动"

断续短声●○●○●○●

2.3.5　"紧急停止"

急促的长声———

2.4　起重吊运指挥语言

2.4.1　开始、停止工作的语言

起重的状态	指挥语言
开始工作	开始
停止和紧急停止	停
工作结束	结束

2.4.2　吊钩移动语言

吊钩的移动	指挥语言
正常上升	上升
微微上升	上升一点
正常下降	下降
微微下降	下降一点
正常向前	向前
微微向前	向前一点
正常向后	向后
微微向后	向后一点
正常向右	向右
微微向右	向右一点
正常向左	向左
微微向左	向左一点

2.4.3 转台回转语言

转台的回转	指挥语言
正常右转	右转
微微右转	右转一点
正常左转	左转
微微左转	左转一点

2.4.4 臂架移动语言

臂架的移动	指挥语言
正常伸长	伸长
微微伸长	伸长一点
正常缩回	缩回
微微缩回	缩回一点
正常升臂	升臂
微微升臂	升一点臂
正常降臂	降臂
微微降臂	降一点臂

3 司机使用的音响信号

3.1 "明白"——服从指挥

一短声●

3.2 "重复"——请求重新发出信号

二短声●●

3.3 "注意"

长声——

4 信号的配合应用

4.1 指挥人员使用音响信号与手势或旗语信号的配合

4.1.1 在发出 2.3.2 "上升"音响时，可分别与"吊钩上升""升臂""伸臂""抓取"手势或旗语相配合。

4.1.2 在发出 2.3.3 "下降"音响时，可分别与"吊钩下降""降臂""缩臂""释放"手势或旗语相配合。

4.1.3 在发出 2.3.4 "微动"音响时，可分别与"吊钩微微上升""吊钩微微下降""吊钩水平微微移动""微微升臂""微微降臂"手势或旗语相配合。

4.1.4 在发出 2.3.5 "紧急停止"音响时，可与"紧急停止"手势或旗语相配合。

4.1.5 在发出 2.3.1 音响信号时，均可与上述未规定的手势或旗语相配合。

4.2 指挥人员与司机之间的配合

4.2.1 指挥人员发出"预备"信号时，要目视司机，司机接到信号在开始工作前，应回答"明白"信号。当指挥人员听到回答信号后，方可进行指挥。

4.2.2 指挥人员在发出"要主钩""要副钩""微动范围"手势或旗语时，要目视司机，同时可发出"预备"音响信号，司机接到信号后，要准确操作。

4.2.3 指挥人员在发出"工作结束"的手势或旗语时,要目视司机,同时可发出"停止"音响信号,司机接到信号后,应回答"明白"信号,方可离开岗位。

4.2.4 指挥人员对起重机械要求微微移动时,可根据需要,重复给出信号。司机应按信号要求,缓慢平稳操纵设备。除此以外,如无特殊要求(如船用起重机专用手势信号),其他指挥信号,指挥人员都应一次性给出。司机在接到下一个信号前,必须按原指挥信号要求操纵设备。

5 对指挥人员和司机的基本要求

5.1 对使用信号的基本规定

5.1.1 指挥人员使用手势信号均以本人的手心、手指或手臂表示吊钩、臂杆和机械位移的运动方向。

5.1.2 指挥人员使用旗语信号均以指挥旗的旗头表示吊钩、臂杆和机械位移的运行方向。

5.1.3 在同时指挥臂杆和吊钩时,指挥人员必须分别用左手指挥臂杆,右手指挥吊钩,当持旗指挥时,一般左手持红旗指挥臂杆,右手持绿旗指挥吊钩。

5.1.4 当两台或两台以上起重机同时在距离较近的工作区域内工作时,指挥人员使用音响信号的音调应有明显区别,并要配合手势或旗语指挥。严禁单独使用相同音调的音响指挥。

5.1.5 当两台或两台以上起重机同时在距离较近的工作区域内工作时,司机发出的音响应有明显区别。

5.1.6 指挥人员用"起重吊运指挥语言"指挥时,应讲普通话。

5.2 指挥人员的职责及其要求

5.2.1 指挥人员应根据本标准的信号要求与起重机司机进行联系。

5.2.2 指挥人员发出的指挥信号必须清晰、准确。

5.2.3 指挥人员应站在使司机能看清指挥信号的安全位置上。当跟随负载运行指挥时,应随时指挥负载避开人员和障碍物。

5.2.4 指挥人员不能同时看清司机和负载时,必须增设中间指挥人员以便逐级传递信号,当发现错传信号时,应立即发出停止信号。

5.2.5 负载降落前,指挥人员必须确认降落区域安全时,方可发出降落信号。

5.2.6 当多人绑挂同一负载时,起吊前,应先作好呼唤应答,确认绑挂无误后,方可由一人负责指挥。

5.2.7 同时用两台起重机吊运同一负载时,指挥人员应双手分别指挥各台起重机,以确保同步吊运。

5.2.8 在开始起吊负载时,应先用"微动"信号指挥,待负载离开地面 100~200 mm 稳妥后,再用正常速度指挥。必要时,在负载降落前,也应使用"微动"信号指挥。

5.2.9 指挥人员应佩戴鲜明的标志,如标有"指挥"字样的臂章、特殊颜色的安全帽、工作服等。

5.2.10 指挥人员所佩戴手套的手心和手背要易于辨别。

5.3 起重机司机的职责及其要求

5.3.1 司机必须听从指挥人员指挥,当指挥信号不明时,司机应发出"重复"信号询问,明确指挥意图后,方可开车。

5.3.2 司机必须熟练掌握本标准规定的通用手势信号和有关的各种指挥信号,并与指挥人员密切配合。

5.3.3 当指挥人员所发出信号违反本标准的规定时,司机有权拒绝执行。

5.3.4 司机在开车前必须鸣铃示警,必要时,在吊运中也要鸣铃,通知受负载威胁的地面人员撤离。

5.3.5 在吊运过程中,司机对任何人发出的"紧急停止"信号都应服从。

6 管理方面的有关规定

6.1 对起重机司机和指挥人员,必须由有关部门进行本标准的安全技术培训,经考试合格,取得合格证后方能操作或指挥。

6.2 音响信号是手势信号或旗语的辅助信号,使用单位可根据工作需要确定是否采用。

6.3 指挥旗颜色为红、绿色。应采用不易褪色、不易产生褶皱的材料。其规格:面幅应为 400 mm×500 mm,旗杆直径应为 25 mm,旗杆长度应为 500 mm。

6.4 本标准所规定的指挥信号是各类起重机使用的基本信号。如不能满足需要,使用单位可根据具体情况,适当增补,但增补的信号不得与本标准有抵触。

附加说明:
本标准由中华人民共和国劳动人事部提出。
本标准由辽宁省劳动保护科学研究所负责起草。
本标准主要起草人席振生。

附录二

起重机司机安全技术培训大纲

本大纲规定了起重机司机安全技术理论培训和实际操作培训的目的、要求和内容。

1. 培训对象

拟取得桥式类型起重机、门座类型起重机、塔式类型起重机、臂架式类型起重机和流动式类型起重机司机的《特种作业操作证》，并具备起重机司机上岗基本条件的劳动者。

2. 培训目的

通过培训，使培训对象掌握所操作起重机的安全技术理论知识和安全操作技能，达到独立上岗的工作能力。

3. 培训要求

3.1 理论与实际相结合，突出安全操作技能的培训。

3.2 实际操作训练中，应采取相应的安全防范措施。

3.3 注重职业道德、安全意识、基本理论和实际操作能力的综合培养。

3.4 应由具备资格的教师任教，并应有足够的教学场地、设备和器材等条件。

3.5 应采用国家统一编写的培训教材。复审的培训教材由各培训单位根据培训对象和当时的具体情况自行制定。

4. 培训内容

4.1 安全技术理论培训内容

4.1.1 起重机的基本知识

4.1.1.1 起重机的基本分类。

4.1.1.2 起重机的基本技术参数，包括额定起重量、额定工作速度、起升高度、额定起重力矩、幅度等。

4.1.1.3 起重机的基本构造与组成，包括起重机金属结构、工作机构和电气设备及其控制等。

4.1.1.4 起重机的基本工作原理。

4.1.2 起重机的基础知识

4.1.2.1 电学基本知识，包括电的基本概念，交流电、电气安全等一般常识。

4.1.2.2 液压传动基本知识，包括动力部分、控制部分、工作执行部分及辅助部分等。

4.1.2.3 力学基本知识，包括力的基本概念、力学基本定律、重力与重心、力的单位等。

4.1.3 起重机主要零部件的安全技术要求，包括吊钩、钢丝绳、制动器、车轮、减速器和卷筒等零部件的安全技术要求。

4.1.4 各自起重机的安全技术要求，包括起升机构、金属结构及电气设备的安全技术要求。

4.1.5 各自起重机的安全技术操作规程。

4.1.6 各自起重机常见故障的判断与排除方法，包括起重机不能启动、溜钩、溜车，制动器打不开闸、车轮啃轨咬道、安全装置不灵或失效等。

4.1.7 各自起重机的维护与保养常识。

4.1.8 掌握起重机易损件的报废标准，易损件主要包括吊钩、制动轮、制动瓦衬、钢丝绳、滑轮、车轮、卷筒等。

4.1.9 各自起重机的安全防护装置的结构、性能和工作原理。

4.1.10 有关电气安全、登高作业安全及防火常识。

4.1.11 各自起重机常见事故案例的分析，主要有挤伤、坠落、触电等事故。

4.1.12 熟练掌握《起重吊运指挥信号》GB 5082—85 和有关安全规定。

4.2 实际操作培训内容

4.2.1 按照《起重机司机安全技术考核标准》GB 6720—86 对各类起重机司机进行实际操作培训。

4.2.2 各种实际操作要领。

4.2.3 各种实际操作技能。

5. 复审培训内容

5.1 典型事故案例分析。

5.2 有关法律、法规、标准、规范。

5.3 起重机司机有关的新技术、新工艺、新材料。

5.4 对上次取证后个人安全生产情况和经验教训进行回顾总结。

6. 学时安排

6.1 每一操作项目的培训时间不少于 100 学时，其中安全技术理论培训时间为 60 学时，实际操作培训时间为 40 学时。具体章节课时安排参考见附表。

6.2 复审培训时间不少于 24 学时。

附表：

起重机司机培训课时安排

项目	培训内容		学时
安全技术理论知识部分（共60学时）	安全基础知识（共16学时）	起重机基本知识 — 起重机基本技术参数	2
		起重机基本知识 — 起重机基本结构	1
		起重机基本知识 — 起重机工作原理	1
		与起重机及作业相关的基础知识 — 电学基本知识	4
		与起重机及作业相关的基础知识 — 液压传动基本知识	4
		与起重机及作业相关的基础知识 — 力学基本知识	4
	安全技术理论知识（共44学时）	起重机主要零部件安全技术要求	4
		各自起重机的安全技术要求	16
		起重机的安全防护装置	4
		起重机安全技术操作规程	4
		起重机主要零部件的报废标准	4
		各自起重机的维护与保养知识	2
		各自起重机的常见故障及其排除方法	2
		起重机常见事故案例分析	2
		《起重吊运指挥信号》GB 5082—85	2
		电气安全知识、登高作业、防火常识	4
实际操作部分（共40学时）	起重机司机安全技术考核标准 GB 6720—86		20
	各自起重机实际操作要领及实际操作技能		20

附录三

起重机司机安全技术考核标准

1. 适用范围

本标准规定了起重机司机的基本条件、安全技术理论考核和实际操作考核的内容和方法。

本标准适用于在中华人民共和国境内从事桥式类型起重机、门座类型起重机、塔式类型起重机、臂架类型起重机和流动式类型起重机等基本类型起重机操作的司机。

2. 引用标准

下列标准所包含的条款，通过在本标准中引用而构成本标准的条文。本标准出版时，所示版本均为有效。所有标准都会被修订，使用本标准的各方应探讨使用下列标准最新版本的可能性。

GB 6702—86 起重机司机安全技术考核标准
GB 6067—85 起重机械安全管理规定
GB 5082—85 起重机吊运指挥信号

3. 定义

起重机司机是指操作桥式类型起重机、门座类型起重机、塔式类型起重机、臂架类型起重机和流动式类型起重机的驾驶人员。

3.1 桥式起重机司机

从事操作桥式类型起重机的驾驶人员。

3.2 门座起重机司机

从事操作门式类型起重机的驾驶人员。

3.3 塔式起重机司机

从事操作塔式类型起重机的驾驶人员。

3.4 臂架式起重机司机

从事操作臂架式类型起重机的驾驶人员。

3.5 流动式类型起重机

从事操作流动式类型起重机的驾驶人员。

4. 基本条件

4.1 年满18周岁。

4.2 身体健康,无妨碍从事本职工作的疾病和生理缺陷(如色盲、近视、听觉障碍、癫痫病、高血压、心脏病、眩晕症、精神病和突发性昏厥症等)。

4.3 应具有初中以上文化程度。

5. 考核方法

5.1 考核分安全技术理论和实际操作两部分,经安全技术理论考核合格后,方可进行实际操作考核。

5.2 安全技术理论考核方式为笔试,时间为2小时。

5.3 实际操作考核方式包括模拟操作、口试等方式,考核题目不少于4题。

5.4 安全技术理论考核和实际操作考核均采用百分制,各60分为及格。考试不及格者,允许补考2次,补考仍不及格者需重新培训。

6. 考核内容

6.1 安全技术理论考核内容

6.1.1 掌握起重机的基本知识,包括各自操作的起重机的基本性能、参数、基本构造及工作原理。

6.1.2 了解起重机的基础知识,包括电学基本知识、液压传动基础知识和力学基本知识。

6.1.3 熟练掌握各自起重机安全防护装置的结构、性能及其工作原理。

6.1.4 熟练掌握各自起重机主要零部件的安全技术要求及其报废标准。

6.1.5 掌握各自起重机的安全技术要求要领。

6.1.6 熟练掌握各自起重机的安全技术操作规程。

6.1.7 了解各自起重机的维护与保养知识。

6.1.8 了解各自起重机的常见故障、分析判断方法以及排除措施。

6.1.9 掌握各自起重机常见事故类型及案例分析。

6.1.10 了解有关电气安全常识,包括电击、电伤、安全电压、安全距离、触电急救等。

6.1.11 了解登高作业的安全知识。

6.1.12 了解有关防火及救火知识,熟练掌握自有灭火器材的使用。

6.1.13 熟练掌握《起重吊运指挥信号》GB 5082—85 和有关安全标志。

6.1.14 了解《起重机械安全管理规程》GB 6067—85 的内容、要求及有关规定。

6.2 实际操作考核内容

6.2.1 桥式类型起重机实际操作考核内容

6.2.1.1 根据指挥信号要求,熟练掌握吊起水桶绕杆曲线运行、定点停放操作技能。

6.2.1.2 根据指挥信号要求,熟练掌握吊起圆钢块通过多个不等高框架运行操作技能。

6.2.1.3 根据指挥信号要求,熟练掌握将吊物(圆柱体)在 1 分钟内准确放入圆筒内(两表面间隙为 100 mm)操作技能。

6.2.1.4 熟练掌握在 5 分钟内排除起重机不能启动的故障

后，根据指挥信号要求，把吊物放置在1 000 mm×1 000 mm 的小车上，且小车不能有移动现象的实际操作技能。

6.2.2 塔式、门座和臂架式类型起重机实际操作考核内容

6.2.2.1 熟练掌握吊起水箱定点停放操作技能。

6.2.2.2 熟练掌握吊起水桶绕木杆运行和击落木块的操作技能。

6.2.2.3 根据指挥信号要求，熟练掌握在 3 分钟内旋转 90°～120°将吊在高空 10 m 的吊块（圆柱体）准确放入地面上的圆筒内（两表面间隙为 100 mm）的操作技能。

6.2.2.4 熟练掌握在 5 分钟内排除起重机不能启动的故障后，根据指挥信号要求，把吊物旋转 90°～120°放置在1 000 mm×1 000 mm 的小车上，而小车不能有移动现象的实际操作技能。

6.2.3 流动式类型起重机实际操作考核内容

6.2.3.1 熟练掌握吊起水桶定点停放操作技能。

6.2.3.2 熟练掌握吊起水桶绕杆运行并击落木块的操作技能。

6.2.3.3 与 6.2.2.3 相同。

6.2.3.4 与 6.2.2.4 相同。

7. 复审考核内容

7.1 检查违章情况，没有严重违章记录。

7.2 体检合格。

7.3 安全技术理论及实际操作考核合格。

除了考核与准确操作项目有关的基本安全技术理论知识和实际操作技能外，还应考核以下内容：

7.3.1 了解典型起重作业事故发生的原因，掌握避免同类事故发生的安全措施和方法。

7.3.2 了解与起重司机有关的新法律、法规、标准和规范。

7.3.3 了解与起重司机有关的新产品、新技术、新工艺。